WTB

BAND 233

Helmut Tschäpe

Plasmide

Biologische Grundlagen und praktische Bedeutung

Mit 50 Abbildungen und 29 Tabellen

AKADEMIE-VERLAG BERLIN

Reihe BIOLOGIE

Herausgeber:
Prof. Dr. H. Bochow, Berlin
Prof. Dr. H. Böhme, Gatersleben
Prof. Dr. E. Hofmann, Leipzig
Prof. Dr. J. O. Hüsing, Rerik
Prof. Dr. G. Lerch, Potsdam
Prof. Dr. U. Taubeneck, Jena

Verantwortlicher Herausgeber dieses Bandes:
Prof. Dr. U. Taubeneck
Jena

Verfasser:
Doz. Dr. sc. nat. Helmut Tschäpe
Wernigerode

ISBN 3-05-500323-3
ISSN 0084-0963

1987
Erschienen im Akademie-Verlag Berlin, Leipziger Str. 3—4,
Berlin, DDR-1086

Lizenznummer: 202 · 100/492/87
Printed in the German Democratic Republic
Gesamtherstellung: VEB Druckhaus „Maxim Gorki", 7400 Altenburg
Lektor: Christiane Grunow
LSV 1324, 1344
Bestellnummer: 763 523 0 (7233)
01600

Vorwort

Dieses Buch will in das Konzept der Plasmide als Träger der bakteriellen Variabilität und Flexibilität einführen und die Vielfalt der heute bekannten Plasmid-Spezies, ihre Lebensweise und ihre Bedeutung für die Medizin, Biotechnologie und Landwirtschaft darstellen. Auf eine Beschreibung experimenteller Details und Methoden wurde weitgehend verzichtet, aber versucht, trotz der noch lückenhaften Kenntnis, einen Grundriß der Biologie der Plasmide, ihrer Systematik und Verbreitung zu entwerfen. Dabei zieht sich die Plasmid-Spezies-Hypothese als roter Faden durch alle Kapitel.

Bei der Abfassung dieser Schrift und der Darstellung der Fakten konnten Einzelbefunde nicht berücksichtigt werden; da sich aber das Gebiet der Plasmide in einer lebhaften Veränderung befindet, wurden zum Teil unveröffentlichte Ergebnisse zur Beschreibung konzeptionell erkennbarer Tendenzen herangezogen. Meinen Mitarbeitern Dr. Rita Prager, Dr. Erhard Tietze und DB Gunter Karste bin ich für ihre diesbezüglichen Daten sehr dankbar. Für die Zeichnungen schulde ich Frau Dr. Martina Tschäpe großen Dank.

Inhaltsverzeichnis

1. Einleitung

Als vor 25 Jahren japanische Forscher die Übertragung von Antibiotikamehrfachresistenz zwischen harmlosen Bakterien der Darmflora (E. *coli*) und hoch pathogenen Durchfallerregern (*Shigella flexneri*) beobachteten und sie als eine infektiöse, nichtchromosomale Vererbung genetisch fixierter Anlagen beschrieben, da richtete sich plötzlich ein weltweites Interesse auf ein Gebiet der Bakteriengenetik, das sich mit extrachromosomalen Erbfaktoren beschäftigte. Diesem war seit der Entdeckung des Fertilitätsfaktors[1] (LEDERBERG) und des Colicinfaktors (FREDERICQ) (siehe Tab. 1) der Status von Ausnahme oder Sonderelementen mit einer mehr dekorativen Bedeutung für das genetische „make up" der Bakterien zugeschrieben worden, für die man den Terminus „Plasmide" prägte. Als Plasmide verstand man in dieser Zeit genetische Elemente, die ihren Wirtsbakterien zusätzliche Leistungen zur Verfügung stellen und unabhängig vom Wirtschromosom vorkommen.

Die aus reiner akademischer Erkenntnisfreude betriebene Bearbeitung hatte zwar in den Jahren bis zur Entdeckung der Antibiotokaresistenz-Plasmide (R Plasmide) viele interessante Details für das Grundverständnis der genetischen Organisation der Bakterien gebracht (Chromosomen-Karten, Genanalysen), aber sie blieben stets mehr Hilfsmittel zur Lösung der auf das Chromosom der Bakterien gerichteten Fragen. Auch hatte sich die Hoffnung nicht erfüllt, mit der Entdeckung des Fertilitätsfaktors von *E. coli* (F Plasmid) der Sexualität und damit den grundlegenden Phänomenen der Rekombination und Variabilität der Bakterien auf die Spur gekommen zu sein. Derartige Fertilitätsfaktoren waren nämlich nur sehr selten unter den *E. coli*-Bakterien

---

[1]) Zur Erläuterung einiger Termini — siehe Glossar S. 90

Tabelle 1
Historische Etappen der Plasmidforschung

1950 —	Fertilitätsfaktor (F-Faktor) entdeckt (LEDERBERG)
1951 —	F-Faktor als autonomes extrachromosomales Element, autonome Übertragung (HAYES)
1952 —	Plasmide (Begriff, Definition) (LEDERBERG)
1953 —	Colicinogenfaktor als autonomes Element (FREDERICQ)
1958 —	Episom (Begriff, Definition) (JACOB, WOLLMANN)
1959 —	Antibiotika-Mehrfachresistenzfaktoren (R-Faktoren) (AKIBA, OCHIA)
1960 —	R-Faktoren als autonome extrachromosomale Elemente, autonomer Transfer, RTF (Begriff, Definition) (WATANABE, MITSUHASHI, LEBEK, DATTA)
1961 —	F-Prime-Faktoren hergestellt (ADELBERG, JACOB)
1962 —	nicht-transferable extrachromosomale Resistenzfaktoren entdeckt (MITSUHASHI, ANDERSON, LEWIS)
1963 —	„gene pick up" Hypothese (WATANABE)
1964 —	Mobilisierung von nicht-transferablen R-Faktoren (ANDERSON, LEWIS)
1965 —	DNA Natur der Plasmide, cccDNA-Moleküle unterschiedlicher Größe beschrieben (FALKOW, ROWND, CLOWES, HELINSKI)
1968 —	der Begriff Plasmide wird für alle extrachromosomalen Elemente der Bakterien verbindlich (NOVICK, HAYES, MEYNELL)
1968 —	Rekombination Integration integrative Suppression (RICHMOND, NOVICK, WILLETTS, YOSHIKAWA)
1969 —	Beginn der Plasmidklassifikation (WATANABE, DATTA, ANDERSON, MEYNELL)
1970 —	Inkompatibilitätsgruppen (DATTA, CHABBERT, HEDGES, ANDERSON)
1970 —	Pilus-Typen (LAWN, BRINTON, MENYELL, BRADLEY)
1972 —	Beginn der Heterodublexkartierung
1974 —	Konjugation von Streptokokkenplasmide (JACOB, HOBBS)
1975 —	Plasmidkarten, zusammengesetzter Charakter der Plasmide (CLOWES, FALKOW, COHEN, ACHTMANN, TIMMIS, ROWND)
1975 —	Klonierung heterologer DNA unter Verwendung von Plasmiden als Vektoren (COHEN, BOYER)
1976 —	Nomenklaturvorschläge (NOVIK, CLOWES, FALKOW, DATTA)
1977 —	Analyse des F-Transfersystems (ACHTMANN, WILLETTS, CLARK)
1977 —	IS-Elemente (STARLINGER, SAEDLER)
1977 —	Transposons (BERG, SHAPIRO, BARTH)
1978 —	Vollständige Sequenzanalyse eines Plasmids (SUTCLIFFE)
1979 —	Ti-Plasmid als Ursache einer Pflanzenkrebsart und Integration eines Stücks Plasmid-DNA in das Pflanzengenom (SCHELL, NESTER, CHILTON, VON MONTAGU)

Tabelle 1 (Fortsetzung)

1980	–	Molekulare Natur der Replikation und Inkompatibilität (NOVICK, TIMMIS, HELINSKI, FALKOW, NORDSTRÖM, OTSUBO, GOEBEL, ROWND)
1982	–	typbestimmende Plasmide der Shigellen, Salmonellen und Yersinien (SANSONETTI, KOPECKO, PORTNOY, FALKOW, JONES)
1983	–	Plasmidprofilbestimmung als diagnostische Methode (SEWBERG, FALKOW)
1984	–	Analyse der Tra-Systeme anderer Plasmide (I, H, N) (WILKINS, BRADLEY, TAYLOR, IYER, WALKER)

und gar nicht in pathogenen Bakterien wie Shigellen oder Salmonellen nachzuweisen.

In dieser ersten Phase der Beschreibung und Charakterisierung der Plasmide faßte man auch noch die R Plasmide als solche speziellen Sonderelemente des bakteriellen Genototyps auf, – man sprach damals von einem Resistenzfaktor und stellte ihn dem Fertilitätsfaktor gegenüber – und man meinte, daß sie sofort aus der Bakterienpopulation wieder verschwinden würden, wenn ihre Anwesenheit für das Überleben nicht mehr von Nöten ist.

Aber die weltweit erkannte mögliche Gefährdung der Antibiotikatherapie und die Befürchtungen, eine rasche Verbreitung dieser Elemente könnte für die strategischen Vorzüge einer chemotherapeutischen Bekämpfung von Infektionskrankheiten zum größten Nachteil sein, stimmulierten viele Forschergruppen, sich intensiv von genetischer, epidemiologischer und ökologischer Seite mit Plasmiden zu beschäftigen. Auch die Pharmaindustrie nahm die Herausforderung an, den Wettlauf zwischen einer Resistenzentwicklung und der Bereitstellung neuer, noch wirksamerer Antibiotika für sich zu entscheiden. Es stellte sich nämlich sehr schnell heraus, daß Plasmide nicht nur in Japan verbreitet sind, sondern praktisch in allen Industriestaaten nachzuweisen waren, zunächst von DATTA für England und von LEBEK für die BRD, dann später für Frankreich, Holland, USA, Italien, DDR, Sowjetunion, CSSR, Indien, Afrika etc. Im Verlauf der sechziger Jahre lagen Berichte über das Vorkommen von R Plasmiden in fast allen Ländern der Erde vor. Auch dort, wo eigentlich Antibiotika gar nicht eingesetzt wurden, z. B. auf den Inseln von Neuguinea, ließen sich solche R Plasmide in Bakterien finden. Daher wurden schon früh Vermutungen geäußert, daß Plasmide doch wohl weiter verbreitet und von generellerer Bedeutung für die Bakterien sein müßten, als man das bisher vermutet hatte. Dies alles förderte wissenschaftliche und ökonomische Investitionen in das Gebiet der extrachromosomalen Erbträger der Bakterien, und es war ein Wendepunkt und der Beginn einer neuen Ära in der Plasmidforschung, als amerikanische Autoren (Tab. 1) die physikalische Natur der Plasmide als kovalent geschlossene ringförmige **DNA Moleküle** (ccc DNA) von unterschiedlicher Größe zwischen 0,5 und 150 μm nachwiesen und schließlich im Elektronenmikroskop abbilden konnten (Abb. 1). Diese physikalischen Nachweismethoden für Plasmide mit Hilfe von Ultra-

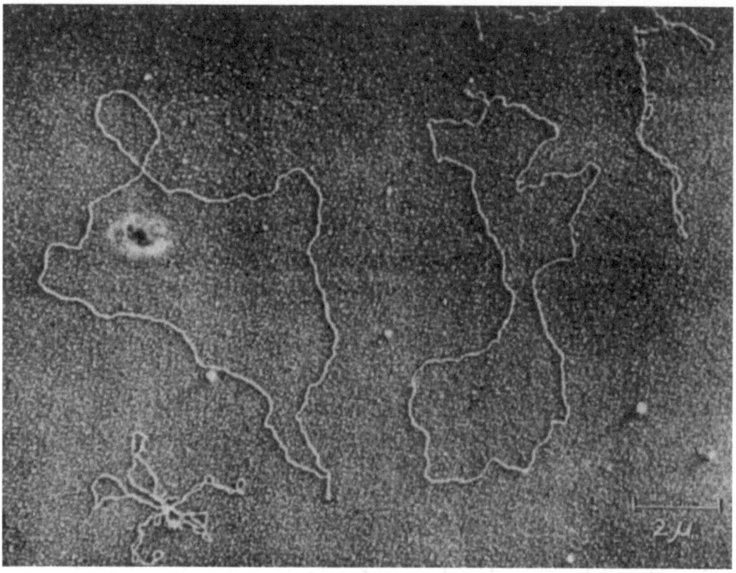

Abb. 1. Elektronenoptische Aufnahme der *ccc*DNA des Plasmids R6(FII). Das Plasmid R6, welches eine Antibiotikamehrfachresistenz gegen Cm[1]), Su, Sm, Sp, Tc, Km, Nm, Hg ausbildet, gehört zur Plasmidgruppe FII (siehe dazu Tab. 5). Es wurde von G. LEBEK bereits 1960 entdeckt und beschrieben. Durch die sehr ausführlichen und molekularen Untersuchungen von S. N. COHEN und K. TIMMIS gehört es heute zu den am besten bekannten Plasmiden (vgl. auch Abb. 4, 15, 19). Die Aufnahme wurde von S. N. COHEN 1970 hergestellt und freundlicherweise zur Veröffentlichung zur Verfügung gestellt. Es läßt sich die offene und die getwistete Form der DNA Moleküle erkennen.

[1]) siehe Abkürzungsverzeichnis

zentrifuge und Elektronenmikroskop sind zeitlich und technologisch sehr aufwendige Verfahren und lassen nur eine geringe Untersuchungskapazität zu. Jedoch gelang es in den letzten zehn Jahren durch Entwicklung und Einführung einer Reihe von billigen und zeitlich nur in wenigen Stunden abzuarbeitenden Methoden Plasmid-DNA Moleküle in ökonomisch vertretbarem Aufwand und großem Umfang darzustellen (z. B. durch die Agarose-Gel-Elektrophorese) und zu bestimmen. Dadurch war es leicht möglich, sich einen Überblick über das Vorkommen von Plasmid-DNA Molekülen in Bakterien ganz unterschiedlicher ökologischer und klinischer Herkunft zu verschaffen, ohne daß man auf ihren phänotypischen Effekt angewiesen war.

Es zeigt sich nun, daß Plasmide keinesfalls seltene Ausnahmen sind, die nur unter Selektionsdruck in Bakterien vorkommen, sondern, daß sie in fast allen Bakterienarten und darüberhinaus in zahlreichen, verschieden großen molekularen Spezies anzutreffen sind. Plasmide gehören nach heutiger Auffassung zum Normalstatus der Bakterien. Sie sind sowohl in Darmbakterien von Menschen und Tieren (z. B. *Escherichia*), als auch in Bodenbakterien (z. B. *Alkaligenes*) oder Wasserbakterien (z. B. *Aeromonas*) verbreitet; sie sind typisch für Patientenstämme von Ruhr, Durchfall, Sepsis, Tuberkulose, Eiter, Lungenentzündung oder Meningitis usw. Auch ließ sich nachweisen, daß diese DNA Moleküle in ihren Wirtsstämmen ziemlich stabil bleiben und Versuche, sie zu eliminieren, erwiesen sich als sehr schwer durchführbar. Diese hohe Wirtsstabilität und Populationsständigkeit läßt sich auf ihre besondere biologische Lebensweise (siehe Kapitel 3), auf ihre autonome Replikationsfähigkeit zurückführen, sowie auf ihre Fähigkeit zur infektiösen Verbreitung und damit einer Korrektur nach Verlust. Gerade die infektiöse Verbreitung der Plasmide (konjugativer Transfer) ermöglicht die schnelle Durchsetzung einer beliebigen Bakterienpopulation mit Plasmiden, wobei Art-, Gattungs- und Familiengrenzen überschritten werden können (Kapitel 3).

Die stabile und ubiquitäre Plasmidanwesenheit — auch als das Plasmidprofil eines Bakterienstammes bezeichnet — läßt sich als ein gut erkennbares und sehr spezifisches Merkmal der Bakterien diagnostisch nutzen, was sich besonders für klinische und epidemiologische Zwecke als äußerst wertvoll erwiesen hat (Kapitel 7).

Wenn Plasmide so vielfältig zum Normalstatus der Bakterien gehören und in so zahlreichen molekularen Spezies vorkommen (vgl. Abb. 3 (S. 20), Tab. 5 (S. 29), dann ergeben sich zwei zu beantwortende Fragen:

1. Welchen Beitrag liefern Plasmide und in welcher Weise qualifizieren sie ihre Wirtsbakterien zu außerordentlichen Leistungen (programmierte Variabilität; Klonkonzeption), (Kap. 4, 6, 7)?
2. Warum sind Plasmide hinsichtlich ihrer Größe so unterschiedlich? Weisen die unterschiedlichen molekularen Größen auf verschiedene Leistungskapazitäten für die Wirtsbakterien hin oder sind die verschiedenen Plasmidgrößen ein Charakteristikum verschiedenartiger Plasmide? Das sollte man nicht nur zu ihrer Identifizierung, sondern auch zu ihrer Differenzierung ausnutzen können (Kap. 2, 3).

Schon seit Ende der sechziger Jahre war versucht worden, Plasmide zu differenzieren, zunächst durch ihre unterschiedlichen phänotypisch erkennbaren Leistungen, wie verschiedene Colizine, verschiedene Antibiotikaresistenzen etc., später dann durch ihr Verhalten gegenüber anderen Plasmiden wie „fertility inhibition" (Blockade der Transferabilität von anderen Plasmiden), Inkompatibilität (Unverträglichkeit gegenüber anderen Plasmiden) oder durch ihre Pilus- und Transferspezifität (Kap. 2). Die noch heute erfolgreichste und bedeutungsvollste Klassifizierung der Plasmide ist die Einteilung der Plasmide in Inkompatibilitätsgruppen (vgl. Tab. 1, (S. 8), Tab. 5 (S. 29). Plasmide, die zu einer Inkompatibilitätsgruppe gehören, besitzen dieselbe Art und Weise (Kontrolle) der Replikation in der Wirtszelle, was zu gegenseitigen Störungen und Unverträglichkeiten führt. Plasmide gleicher Inkompatibilitätsgruppenzugehörigkeit werden mit großen Buchstaben- und Zahlenkombinationen versehen, z. B. *B*, *C*, *FI*, *FI*, *I1*, *I2*, *Sal* etc. (siehe dazu Tab. 5 (S. 29)). Diese Buchstaben sollen an bekannte Plasmidforscher erinnern, wie *IncW* (WATANABE), *IncN* und *IncD* (NAOMI DATTA), *IncX* (XENI KONTOMICHALOU), *IncH* (HAYES), *IncC* (CHABBERT) etc. Wie man heute weiß, repräsentieren die Inkompatibilitätsgruppen verschiedene Plasmidarten (Plasmid-Spezies-Hypothese), d. h., verschiedene artspezifische genetische Systeme. Plasmide gleicher Artzugehörigkeit gleichen sich auffallend und weitgehend, Plasmide verschiedener Artzugehörigkeit sind untereinander ebenso divers und fremd wie verschiedene Virus- oder Bakterienarten. Da im Prinzip die Definition der Viren und Bakteriophagen auch für Plasmide zutrifft, infektiöse, vom Wirtsorganismus abhängige und nur einen Typus Nukleinsäure aufweisende Elemente zu sein, muß man auch Plasmide als eine Klasse biologischer Elemente auffassen. Sie existieren zwar nur in der „Reduktionsstufe" von genetischer

Information (DNA Molekül), gehören aber wie Viren, Bakterien und andere Organismen unterschiedlichen phylogenetischen Kreisen an, was sich in einer gemeinsamen bzw. nicht gemeinsamen Nukleotid-Sequenz widerspiegelt (Kap. 2). Überprüft man die bakterienphysiologischen Leistungen (Kap. 4), die Plasmide für ihre Wirtsbakterien aufbringen, so stellt man fest, daß eine Korrelation dieser Leistungen und Eigenschaften mit einer bestimmten Artzugehörigkeit nicht vorliegt. So bilden einerseits Plasmide unterschiedlicher Artzugehörigkeiten wie z. B. die *B*, *C*, *D*, *FI*, *FII*, *H1*, *H2*, *I2*, *M* oder *K* die gleiche Tetracyclinresistenzfunktion aus, andererseits können Plasmide einer gleichen Artzugehörigkeit für eine breite Palette von verschiedenen Zellfunktionen und Leistungen kodieren; z. B. determinieren Plasmide der FI Gruppe Funktionen und Leistungen für die Bildung von Enterotoxinen, Adhäsinen, Serumresistenzen, Zellinvasionen, Colicinen, Hydroxamaten, Antibiotikaresistenzen, Abbau von Schwermetallsalzen (Kap. 4). Dieses Phänomen einer Nicht-Korrelation von Plasmidart und bakterienphysiologischem Beitrag zeigt sich molekular in der segmentalen Organisationsform der Plasmide, die als ein grundlegendes Strukturprinzip aller natürlich vorkommenden Plasmide erkannt ist (Abb. 2). Plasmide bestehen aus dem eigentlichen artspezifischen Plasmid-DNA Bereich und einem Bereich von fremder — heterologer — DNA, der meist aus dem Wirtschromosom von verschiedenen, zum Teil unbekannten Bakterien stammt. Beide Teile sind über bestimmte „Kopplungssequenzen", sogenannten Insertions-Sequenzen (IS-Elementen), miteinander verknüpft, d. h. kointegriert. Die Abb. 2 zeigt, daß bei dem bekannten FII Plasmid R6 zwei „Insertionen" in das Trägermolekül eingefügt sind, wobei die eine Insertion durch IS10 und die andere durch IS1 Elemente kointegriert wurden (vgl. 3.3.). Solche Insertionen können nun nicht nur in die Plasmidart FII eingekoppelt werden, sondern auch identisch in anderen Plasmidspezies vorkommen. Durch spezielle rekombinative-replikative Vorgänge sind Insertionselemente auch auf andere DNA Moleküle (andere Replikons wie Plasmide, Bakteriophagen, Chromosomen) übertragbar, was als Transposition bezeichnet wird (Kap. 3.3.). Nehmen sie dabei das von ihnen flankierte Stück heterologer DNA (vgl. Abb. 2, Abb. 22 (S. 76)) mit, so tritt ebenso eine Transposition von bakteriellen Merkmalen auf, z. B. für die Ausbildung der Tetracyclinresistenz. Man bezeichnet daher solche zusammengesetzten Elemente als Transposons (Kap. 3.3.). Das Phänomen der Transposition erklärt evolutionär, wieso Plasmide einer Artzugehörigkeit zu so unterschiedlichen, bakterienphysiologischen Leistungen in der Lage sind und ermöglicht das Verständnis für eine additive Rekombination, d. h. wie ein „Mehr" an genetischer Information im Verlaufe der Evolution zustande gekommen sein kann.

Die Vielfalt an Merkmalen und Leistungen, die Bakterien durch ihre Plasmide ausbilden können, entsteht durch die Variabilität „des Kommens und Gehens" von Transposons in den Plasmid-

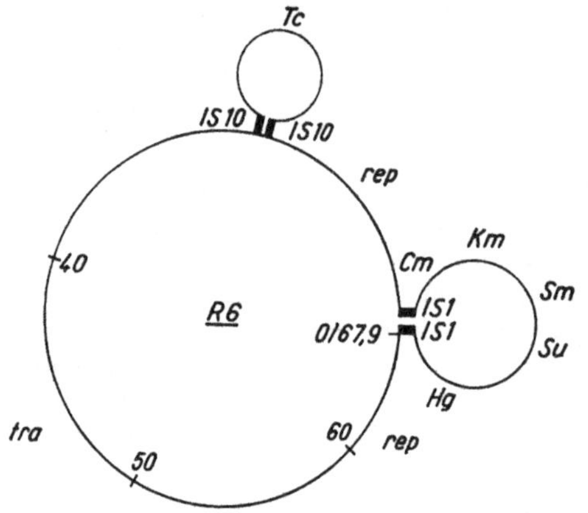

Abb. 2. Schematische Darstellung (Homodublex) der segmentalen Organisation der DNA des Plasmides R6 (*FII*) (modifiziert nach SHARP et al. 1973, J. mol. Biol. **75**, 235).
Das Schema zeigt den eigentlichen Plasmidbereich (Transfer; tra; Replikation; rep; etc.) und die zusätzliche, über Insertionssequenzen (IS) verknüpfte „heterologe" DNA (vgl. Kap. 3.3.), die für bakterienphysiologische Leistungen kodiert. Das Plasmid R6 kodiert für die Antibiotikaresistenzen Cm, Sm, Su, Tc, Km, Nm, Hg; (vgl. Abb. 1, 4).

molekülen. Dabei erfolgen diese Vorgänge strukturell in einem bestimmten Abschnitt des Plasmidmoleküls (der Integrations-Exzisions-Region), welche reich mit Insertionselementen besetzt ist. Dadurch wird die eigentliche Plasmid-DNA Sequenz nicht unterbrochen und die Realisierung der plasmideigenen Leistungen, wie Replikation, Zellstabilität und Transferabilität bleibt konserviert. So ist ein molekularer Steckbaukasten der zusätzlichen „Leistungen für alle Fälle" vorhanden, der sich für die Bakterienzelle durch das „Kommen und Gehen" der Plasmide selbst (infektiöse Ausbreitung der Plasmide) auf höherer Ebene wiederholt.

Dieses Baukastenprinzip der bakteriellen Variabilität und Flexibilität garantiert, ohne daß am Artbestand der Bakterien sich etwas ändern muß, ein Höchstmaß an Anpassung und Variabilität. Wenn man auch heute vielfach noch nicht in der Lage ist, die zahlreichen molekular und genetisch nachgewiesenen Plasmidarten mit bestimmten Funktionen und Aufgaben innerhalb ihrer Wirtsbakterien zu korrelieren, so kann man allein aus der Häufigkeit ihres Auftretens ihre generelle Bedeutung für die Bakterien ableiten. Man weiß jetzt, daß Plasmide zum Gattungsleben der Bakterien als ein integraler Bestandteil gehören. Bakterien stellen eine Organismengruppe höchster genetischer und physiologischer Ökonomie dar. Ihr Überlebensvorteil besteht in ihrer ungeheuren Kapazität, sich rasch zu vermehren. Das bedingt eine rationelle und schnelle Replikation der chromosomalen DNA, eine gut korrelierte Zellteilung und eine strukturelle Konzentrierung der genetischen Information in einem zusammenhängenden, ringförmigen Chromosom. Diese genetische Ökonomie der Bakterien, die Beschränkung auf die wichtigsten artspezifischen und unmittelbar für den Lebenszyklus und Metabolismus notwendigen Funktionen, ruft eine hohe genetische Spezialisierung hervor. Für neue oder andersartige Umweltbedingungen schließt das, evolutionär gesehen, eine genetische Anpassungskapazität aus. Um trotzdem eine vielfältige, evolutionäre Flexibilität zu leisten, mußten sich genetische Systeme herausbilden, die vom Chromosom der Bakterien unabhängig ein „Reagieren" auf bestimmte Sondersituationen und damit ein Überleben der Population (Art) sichern können. Ein solches System, das mit den Plasmiden gegeben ist, garantiert eine „programmierte" Variabilität und Anpassungsfähigkeit der Bakterien, ohne daß am eigentlichen Bestand der artspezifischen genetischen Informationen im Bakterienchromosom sich etwas ändern muß.

Mit diesen Leistungen „für alle Fälle" weisen sich Plasmide als die materiellen Träger der Genreserven einer Bakterienart aus, die nicht nur die Anpassung der Bakterien an sich verändernde Umweltverhältnisse, sondern auch die Besiedlung bestimmter ökologischer Nischen ermöglichen. Durch die Fähigkeit der Plasmide, sehr verschiedene, heterologe DNA-Sequenzen zu koppeln und sie mit Hilfe ihrer autonomen Transferabilität (konjugative Ausbreitung) innerhalb und zwischen verschiedenen Bakterienpopulationen zu verbreiten und durch die Fähigkeit der Kompatibilität der verschiedenen Plasmidarten untereinander, sammeln sich Plasmide in zahlreichen Exemplaren in unterschiedlichen Bakterienarten an und qualifizieren diese mit zusätzlichen, besonderen Leistungen. Dadurch können sich innerhalb verschiedener Bakterienarten einzelne, hoch qualifizierte Klone herausbilden, denen eine besondere ökologische und medizinische Bedeutung zukommt (Klon-Hypothese). Solche qualifizierten Varianten (Klone) einer Bakterienart, die durch spezielle Virulenzleistungen und durch die Fähigkeit, antimikrobielle Strategien des Menschen unterlaufen zu können, gekennzeichnet sind, verursachen einen Szenenwechsel und -wandel im Aufkommen der Infektionskrankheiten bei Menschen, Tieren und Pflanzen. Dadurch ist eine direkte klinisch-mikrobiologische und epidemiologische Aufgabenstellung für die Bearbeitung der Plasmide gegeben (Kapitel 6).

Solche besonders qualifizierten Varianten treten auch unter Umweltbakterien auf, die durch Plasmide zu neuartigen Abbauleistungen konvertiert werden (Xylole, Phenole, Toluole, Nylon etc.). Dabei sind von großem Interesse Bakterien-Klone, die für den Abbau von Ölverschmutzungen in der Umwelt und der chlorierten Kohlenwasserstoffe, wie DDT oder polychlorierter Biphenyle, im Boden oder im Wasser einzusetzen wären. Auch hier ist eine praktische Aufgabenstellung für die Bearbeitung der Plasmide gegeben.

In den letzten Jahren jedoch ist das Interesse an Plasmiden durch ihre Verwendung als Vektoren für die Gen-Technik (in vitro Genmanipulation) auch von biotechnologischer Seite gestiegen. Es stellte sich heraus, daß für die Stabilität und Expression der klonierten DNA-Sequenz im Produzentenstamm andere Plasmide — z. B. die im Produzentenstamm natürlich vorkommenden Plasmide — günstiger sind als das ursprüngliche Klonierungsvehikel (z. B. *pBR322*). Daher hat man sich auch von dieser Seite intensiver mit der Plasmidanalyse befaßt.

Die Bakteriengenetik ist in ihrer Geschichte an einen Wendepunkt angelangt. Bisher beschäftigte sie sich fast ausschließlich mit Problemen der Grundlagenerkenntnisse, wie den Prinzipien des genetischen Austauschs (Rekombination) und der Expression von Eigenschaften. Gerade durch die Entdeckung und Beschreibung der Plasmide ist ihre enorme praktische Anwendbarkeit herausgestellt worden. Die konsequente Hinwendung der medizinischen Mikrobiologie und Epidemiologie, der industriellen Mikrobiologie und der Gen-Technik einschließlich der Biotechnologie auf das Gebiet der Plasmide ist erfolgversprechend und interessant zugleich.

2. Plasmide als Arten und deren Klassifikation

Plasmide sind unterschiedlich große, kovalent geschlossene, zirkuläre DNA Moleküle, die als extrachromosomale Erbträger für ihre Wirtsbakterien als zusätzliches genetisches Informationssystem fungieren. Plasmide kodieren eine Vielzahl von somatischen Leistungen der Bakterien (vgl. Tab. 11, 13, 14), die nicht unmittelbar zur primären Realisierung ihres Gattungslebens gebraucht werden. Aufgrund dieser somatischen Funktionen hat man Plasmide operativ als Antibiotika-Resistenz-(R Plasmide), Colicin-(Col Plasmide), Virulenz-(Vir Plasmide), degradative-(Deg Plasmide), Fertilitäts-(Sex Plasmide), Transfer-(TF Plasmide), Hämolysin-(Hly Plasmide) oder als Enterotoxin-Plasmide (Ent Plasmide) usw. bezeichnet und eine vom Phänotyp geleitete Einteilung versucht. Mißt man die **Molekülgrößen** solcher Plasmide unter dem Elektronenmikroskop oder nach ihrer Wanderungsgeschwindigkeit im Agarose-Gel, so stellt man Abmessungen von ca. 0,5 μm bis 150 μm, bzw. Molekulargewichte von 1—250 Megadalton[1] fest. Drückt man solche Plasmid-DNA Abmessungen in Kilobasen aus, so rangieren die gefundenen Plasmidmoleküle zwischen 1 und 330 Kilobasen (kb), wobei die Abmessungen von 1 kb dem Gewicht von ca. 0,6 Md entspricht.

Diese sehr weitgespannten Größenunterschiede der Plasmide, die etwa den Informationsgehalt von 3 bis 350 Genen bzw. Genprodukten widerspiegeln[2], ist zunächst überraschend. Das könnte entweder darauf zurückgeführt werden, daß extrachromosomale Erbträger sehr unterschiedlich aufwendig genetische Information zur Ausbildung der bakteriellen Zellfunktionen, wie Antibiotikaresistenz, Colicine, Virulenz, Abbauleistungen etc., enthalten oder aber daß die verschiedenen Molekulargewichte unterschiedliche plasmideigene spezifische Leistungen (Zellstabilität, Replikation etc.) anzeigen. Vergleicht man die Molekulargewichte der R Plasmide und der Col Plasmide, so stellt man für beide Gruppen

---

[1]) Die veraltete Bezeichnung Dalton ist als Megadalton (Md) für die Molekulargewichte der Plasmide international üblich, während die Molekülgröße der Plasmide mit Kilobasen (Kb) angegeben wird. Dabei entspricht 1 μm 2 Md und 3 Kb.

[2]) Das *E. coli* Chromasom ist etwa 1000 μm groß und hat ein Gewicht von ca. 3000 Md. Das entspricht etwa 7000 Genen, von denen ca. 500 bisher bekannt sind.

ein Größenspektrum von 3 bis 150 Md fest. Ein Zusammenhang von Plasmidgröße und phänotypischer Ausbildung bestimmter zellphysiologischer Leistungen kann in dieser simplen Beziehung offenbar nicht vorliegen.

Dennoch sind die verschiedenen Molekülgrößen der Plasmide geeignet — ähnlich wie das für die Molekulargewichtsbestimmung zur Charakterisierung von Proteinen üblich ist — sie numerisch für eine Diskriminierung bzw. Klassifizierung zu verwenden.

Die **Klassifizierung** der Plasmide war schon seit den siebziger Jahren sehr intensiv betrieben worden, schon bevor man über die genaueren Molekülgrößen der Plasmide Bescheid wußte. Eine Klassifizierung der Plasmide begann mit Beobachtungen von Watanabe (vgl. Tab. 1), der zeigte, daß verschiedene R Plasmide männliche *E. coli* Stämme (F^+ oder *Hfr* Stämme) in ihrer Fertilität hemmen, andere diese Fähigkeit nicht ausbilden konnten. Sie wurden mit Fi^+ (Hemmung) bzw. Fi^- (keine Hemmung) bezeichnet. Eine solche Zweiteilung der Plasmide erwies sich aber recht bald als nicht ausreichend, da die meisten Plasmide zur Gruppe Fi^- zu stellen waren und eine Korrelation von Typ, Herkunft und Funktionen sich nicht ergab. Auch die von Meynell erarbeitete Dreiteilung in *F-like*, *I-like* und „übrige" Plasmide (Tab. 1), die auf der Basis der Empfindlichkeit gegen besondere F-spezifische und I-spezifische Bakteriophagen aufgebaut war, stellte zwar einen sehr interessanten Anfang einer erst heute wichtig gewordenen Klassifizierungsmethodik dar (vgl. S. 23 und Tab. 4), war aber in der ersten Zeit der Plasmidentdeckungen noch nicht sehr differenzierend. Erst durch die sehr gründlichen Untersuchungen von Datta, Hedges und Anderson in England sowie Chabbert in Frankreich über die Aufstellung von **Inkompatibilitätsgruppen** (vgl. Tab. 1) wurde ein Klassifizierungssystem begonnen, welches noch heute zu den wichtigsten genetischen Charakterisierungs- und Klassifizierungsmöglichkeiten der Plasmide gehört. Datta beobachtete, daß einige Plasmide, wenn sie zusammen in einer Zelle vorkommen oder experimentell zusammengebracht werden (plasmid doubles), sich gegenseitig nicht vertragen und sich gegenseitig aus der Zelle drängen, einige dagegen sehr stabil gemeinsam existieren können (vgl. Abb. 9). Selektiert man entweder zugunsten des einen oder zugunsten des anderen Plasmids, so kann man sehr leicht feststellen, ob jeweils vom „Plasmid-Doppel" der eine Partner verschwunden ist oder nicht. Durch systematisches „Kreuzen" der verschiedenen isolierten Plasmide untereinander gelang es, Gruppen von verträglichen (kompatiblen) und unverträglichen (inkompatiblen) Plasmiden aufzustellen und dabei sogenannte Inkompatibilitätsgruppen zu definieren. Plasmide, die zu einer Inkompatibilitätsgruppe gehören, wurden mit *IncB*, *IncC*, *IncD* etc. bezeichnet. Dabei gelang es in der ersten Periode der Plasmiderforschung bereits über 20 verschiedene Inkompatibilitätsgruppen zu erfassen. (vgl. Tab. 5 (S. 29)).

Diese Aufstellung von Inkompatibilitätsgruppen hatte zunächst einen nur operativen Charakter, weil man nicht abschätzen konnte, welche genetischen und molekularen Mechanismen zu dieser beobachteten Unverträglichkeitsreaktion führen, bzw. welche Ursachen vorliegen, wenn sich Plasmide kompatibel gegeneinander verhalten.

Vergleicht man aber die Molekulargewichte verschiedener Plasmide untereinander, die zu einer Inkompatibilitätsgruppe gehören und stellt sie Plasmiden anderer Inkompatibilitätsgruppenzugehörigkeiten gegenüber, so ergibt sich eine erstaunliche **Korrelation** von **Plasmidgröße** und der **Gruppenzugehörigkeit** (Abb. 3), z. B. weisen alle natürlich vorkommenden Plasmide der Inkompatibilitätsgruppe „C" Molekulargewichte zwischen 90 und 110 Md auf, und Plasmide der Inkompatibilitätsgruppe „W" Molekulargewichte zwischen 20 und 25 Md. Vergleicht man wiederum die von diesen Inkomaptibilitätsgruppen ausgebildeten bakterienphysiologischen Leistungen, so lassen sich ebenfalls keine diesbezüglichen Korrelationen erkennen; z. B. codieren einige Plasmide der *IncC* wie auch der *IncW* nur eine Tetracyclin-Einzelresistenz, die nachgewiesenermaßen einen gleichgroßen Genbereich von ca. 10 kb „beansprucht", obwohl die molekularen Unterschiede zwischen den Vertretern beider Plasmidgruppen bei 80 Md liegen. Wenn also Plasmide einer gemeinsamen Inkompatibilitätsgruppenzugehörigkeit weitgehend in ihrer molekularen Größe gleich sind, und diese Ähnlichkeit sich nicht auf einen gleichgroßen DNA Abschnitt zur Ausbildung der somatischen Funktionen zurückführen läßt, dann müssen diese in Abb. 3 aufgeführten gemeinsamen Größen zwischen Plasmiden einer Inkompatibilitätsgruppe auf große Bereiche identischer DNA zurückzuführen sein. Wenn diese Behauptung stimmt, so müßten erwartungsgemäß Plasmide gleicher Inkompatibilitätsgruppenzugehörigkeit weitgehende **Sequenzhomologien** in ihrer DNA erkennen lassen. In Tab. 2 sind einige Daten zur Nukleotid-Sequenz-Homologie von Plasmiden unterschiedlicher Gruppenzugehörigkeit zusammengestellt. Sie zeigen, daß Plasmide einer Inc-Gruppe weitgehend in ihrer Sequenz homolog sind, daß aber auch eine nur annähernde

Sequenzhomologie zwischen Plasmiden verschiedener Inc-Gruppen nicht gefunden werden kann. Die z. T. sehr niedrigen Prozente von Homologie zwischen Plasmiden verschiedener Inc-Gruppen, z. B. 5% zwischen dem IncM Plasmid R135 und dem IncB Plasmid Tp113 läßt sich auf gemeinsame somatische Determinanten (z. B. Sm Su Resistenzdeterminanten) zurückführen. Aus solchen

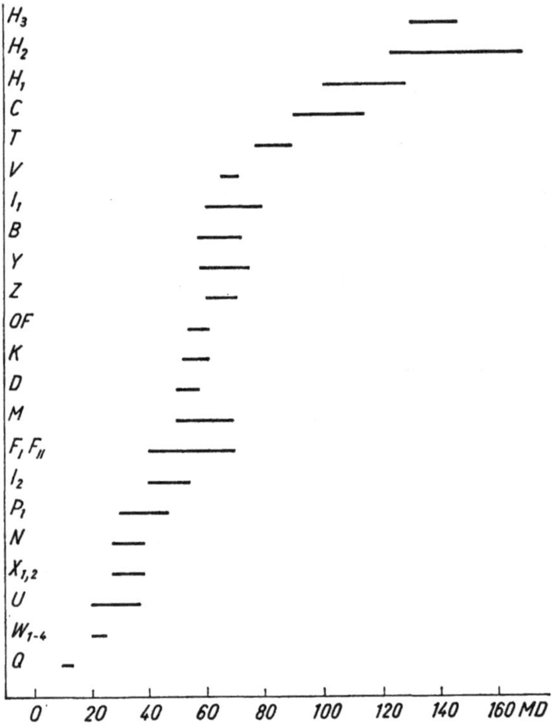

Abb. 3. Schematische Darstellung der Molekulargewichtsbereiche der verschiedenen Plasmidspezies von Enterobacteriaceae (vgl. Tab. 5).

Bestimmungen der Nukleotidsequenzhomologien (Hybridisierungsexperimente) lassen sich Berechnungen anstellen, wie groß der jeweils gemeinsame Anteil der Plasmid-DNA pro Inkompatibilitätsgruppe ist (Tab. 3). Dabei tritt eine erstaunliche Korrelation zu Tage. Plasmide einer Inc-Gruppenzugehörigkeit sind untereinander zu 70 bis 80% homolog und jeweils 20 bis 30% ihrer DNA läßt sich auf heterologe DNA zurückführen. Das entspricht der segmen-

Tabelle 2

Nukleotid-Sequenzhomologien einiger Plasmide verschiedener Inkompatibilitätsgruppen (in %)

	IncB TP113	IncC pIP55a	IncH R27	IncM pIP135	IncF R1
IncB TP113	100	4	0	6	1
TP125	76	2	0	3	5
IncC pIP55a	2	100	3	5	4
pIP150	1	89	3	—	—
pIP16a	1	79	1	—	2
IncFII R1	1	3	4	5	100
R6-5	2	2	—	0	80
R100	1	—	1	—	98
IncH R27	4	2	100	2	6
TP123	2	0	87	—	1
pIP522	2	7	85	—	1
IncM pIP135	5	5	0	100	5
pIP151	2	—	0	97	6
R446	1	2	0	95	—

zusammengestellt nach Roussel und Chabbert 1978, J. Gen. Microbiol. 104, **269** und Grindley et al. 1973, J. Bacteriol **115**, **387**

Tabelle 3

Berechnungen gruppenspezifischer Genbereiche einiger Plasmidarten

Inc	∅ MG	∅ Größe der gemeinsamen DNA		theoretische Anzahl der gemeinsamen Gene
	(Md)	(Md)	%	
W	23	17	75	26
N	30	22	73	32
FII	58	41	70	45
I1	64	45	70	67
B	63	47	74	70
K	60	42	70	63
C	105	80	80	120
H1	124	100	81	151

talen Struktur der Plasmide (Abb. 2), deren Besprechung im Kap. 3. ausführlich erfolgt. Wie aus Tab. 3 weiter ersichtlich ist, wird die bei Plasmiden jeweils gefundene 70- bis 80%ige Homologie bezogen auf ihre Gruppenzugehörigkeit von jeweils unterschiedlich großen DNA Bereichen zwischen 17 und 100 Md realisiert, was einer theoretisch kalkulierten unterschiedlichen Zahl von jeweils 26 bis 150 gemeinsamen Genen entspricht. Diese große **Korrelation** von **Molekülgröße, Nukleotidsequenzhomologie** und **Inkompatibilitätsverhalten** weist darauf hin, daß die Inkompatibilitätsgruppen ein plasmidtypisches Verhalten signalisieren, zu dessen Realisierung offenbar qualitativ wie quantitativ unterschiedliche genetische Systeme gebraucht werden. Das tatsächlich sehr unterschiedlich viele Gene zur Realisierung phänotypisch gleicher Plasmidleistungen, wie Replikation, Transferabilität und Aufnahme (Kopplung) fremder DNA, von den einzelnen Vertretern der Inc-Gruppen gebraucht werden, zeigen experimentelle Versuche zur Verkürzung der Plasmid-DNA unterschiedlicher Gruppenzugehörigkeiten.

Solche experimentellen **Plasmid-DNA Verkürzungen** kann man durch den Einsatz von Endonukleasen (z. B. *EcoRI*) oder aber von transduzierenden Bakteriophagen erreichen. Transduzierende Phagen können immer nur einen definiert großen Abschnitt von DNA in ihrem Kopf einpacken. Übersteigt die Molekülgröße des Plasmids die Kapazität des Phagenkopfes, so treten Stückverluste (Deletionen) auf. Zum Beispiel kann der Phage P1 nur max. 65 Md DNA in seinem Kopf unterbringen. Transduziert man z. B. mit diesem Phagen Plasmide der Inkompatibilitätsgruppe *C* (Molekulargewichte von 80 bis 110 Md) oder Plasmide der Gruppe *H1* (100 bis 120 Md) (vgl. Abb. 3), so müssen alle extransduzierten Plasmide erwartungsgemäß Deletionen (Stückverluste) von 20 bis 50 bzw. von 40 bis 60 Md aufweisen. Dagegen sind mit diesem Phagen Plasmide, z. B. der Inc Gruppe W (20 bis 25 Md) oder K (50 bis 60 Md), ohne DNA Verluste zu transduzieren. Extransduktante *IncC* und *IncH1* Plasmide treten nur selten und stets mit dem Verlust wesentlicher Plasmidleistungen auf, wie autonome Transferabilität, autonome Replikation (transduzierte DNA ist ins Chromosom integriert) etc., dagegen sind die extransduzierten W oder K Plasmide stets in ihrer Integrität bewahrt geblieben. Das bedeutet, daß Plasmide der Gruppe C oder H1 80 bis 100 Md DNA für die Realisierung ihrer plasmideigenen Funktionen benötigen, während die Plasmide der Gruppe W oder K dazu offenbar nur 18 bzw. 40 Md benötigen (Tab. 3). Untersucht man dagegen

Deletionen nur innerhalb der somatischen Region der Plasmide, also z. B. bei Plasmiden, die eine sehr breite Mehrfachresistenz determinieren, so stellt man molekular nur sehr kleine DNA Segmente fest, die verloren gegangen sind. Diese Deletionsuntersuchungen unterstreichen, daß nicht die somatischen sondern die plasmidspezifischen Determinanten die unterschiedlichen Molekulargewichte zwischen 1 und 250 Md verantworten müssen.

Sind Plasmide der Inkompatibilitätsgruppe *W* ökonomischer als die der Gruppe *H1*? Brauchen Plasmide der jeweiligen Gruppen unterschiedlich aufwendig Genmaterial zur Realisierung ihrer biologischen Lebensweise? Nach Untersuchungen zur Verkürzung von Plasmiden mit Hilfe von Endonukleasen zeigte sich, daß zur Realisierung der Replikation und auch der Inkompatibilität (Kap. 3) meistens nur sehr kleine Bereiche von weniger als 20 kb verantwortlich sind. Daher muß der Hauptanteil der plasmidgruppenspezifischen Molekulargewichte auf den Anteil anderer Gene zurückgeführt werden, z. B. solche, die zur Realisierung der autonomen Transferabilität gebraucht werden. Dabei stehen die Sex-Pili, **die Konjugationsorgane** der Plasmide, als essentieller Part der Transferabilität im Vordergrund des Interesses, da ihre Ausbildung eine Vielzahl von Kodierungsschritten erfordert. Intensive elektronenmikroskopische und immunologische Studien zeigten, daß alle transferablen Plasmide der gramnegativen Bakterien Pili als wesentliche Voraussetzung der konjugativen Übertragung ausbilden. (Zum Problem der Transferabilität von Plasmiden bei Streptokokken und anderen grampositiven Bakterien siehe 3.2.3.). Die Pili der transferablen Plasmide stellen morphologisch und serologisch distinkte Typen dar, die man im Prinzip in drei morphologische Pilusgruppen einteilen kann: „lange, dicke, flexible"; „lange, dünne, flexible" und „kurze, dicke, steife" Pili, die sich weiter durch serologische Spezifitäten und durch eine Reihe von pilus-spezifischen Bakteriophagen unterscheiden lassen. Solche pilus-spezifischen Phagen benutzen Oberflächenantigene (Phagenrezeptoren) auf den Pili zu ihrer Adsorption und injizieren ihre DNA bzw. RNA durch den Pilus — er besitzt einen Kanal — in die Zelle. Dort repliziert sich das Phagengenom, bildet Phagenproteine aus, wodurch schließlich die Zelle lysiert wird. Sind solche Phagenrezeptoren auf den Pili nicht vorhanden, d. h. sind diese betreffenden spezifischen Pili nicht ausgebildet, so findet eine derartige Lysis der Zelle nicht statt.

In Tab. 4 sind die verschiedenen bisher identifizierten morphologischen Typen der Pili dargestellt, die sowohl hinsichtlich ihrer

Tabelle 4

Zusammenfassung der bekannten Pilus-Typen von transferablen Plasmiden der Enterobacteriaceae (vgl. Tab. 5)

Morphologie	DPS	Quotient fest : flüssig	Plasmidgruppe[1]
dünn,	ifm	1	I1, I5
flexibel,	ifm, PRD1, Ike	1	I2,
lang,	—	1	K, Z, B,
6 nm ∅			
dick,	∅ C1	50	C
flexibel,	M13	200	D
lang,	M13, UA6	10	OF
9—13 nm ∅	M13, R17	1	FI—FVI
	∅ t	300	T
	∅ x	300	X
	pilH2	1	H1—H5,
	—	1	V, J
dick,	PRD1, Ike, x	10^4	N1, N2
steif,	PRD1	10^4	W1—W4
kurz	PRD1, PRR1	10^3	P
6—11 nm ∅	∅ M (∅ x)	10^4	M
	—	10^4	U

[1] Plasmide der Gruppen Y und Q sind nicht-transferabel

Serologie, der Adsorption von pilus-abhängigen Phagen und hinsichtlich ihres Ausbildungsvermögens in verschiedenen Nährmedien weiter subdifferenzierbar sind. So bilden z. B. Plasmide, die zur *IncC* Gruppe gehören, alle gleiche, flexible 9 nm dicke Pili aus, die zwar morphologisch z. B. dem Pili der F Gruppe ähneln, jedoch keine serologische Verwandtschaft zu ihnen aufweisen. Darüber hinaus besteht mit den Pili anderer Plasmidgruppen ebenso keine serologische Ähnlichkeit. Dieser Pilustyp der *IncC* Plasmide kann als Rezeptor für den pilus-spezifischen Phagen C1 fungieren, nicht jedoch für andere pilusabhängige Phagen (Tab. 4). Dagegen stellen z. B. die Pili, die vom *IncFII* Gruppen Plasmid R6 kodiert werden, Rezeptoren für die pilusabhängigen Phagen R17 (RNA Phage) und M13 (DNA Phage), nicht jedoch für andere pilus-spezifische Phagen dar (z. B. für den C1 Phagen). Wie Tab. 4 zeigt, kann man durch morphologische und serologische Charakterisierungen sowie durch die Verwendung der pilus-spezifischen Bakteriophagen eine Vielzahl von Pilustypen herausstellen. Vergleicht man diese Pilustypen mit den Molekulargewichten, den Sequenzhomologien und den Inkompatibilitätsgruppenzugehörigkeiten der Plasmide, so zeigt sich, daß ihre Pilus-Spezifität exakt mit der Inkompatibilitätsgruppenzugehörigkeit und mit der Sequenzhomologie bzw. mit den Molekulargewichtsbereichen in Übereinstimmung steht. Damit ist

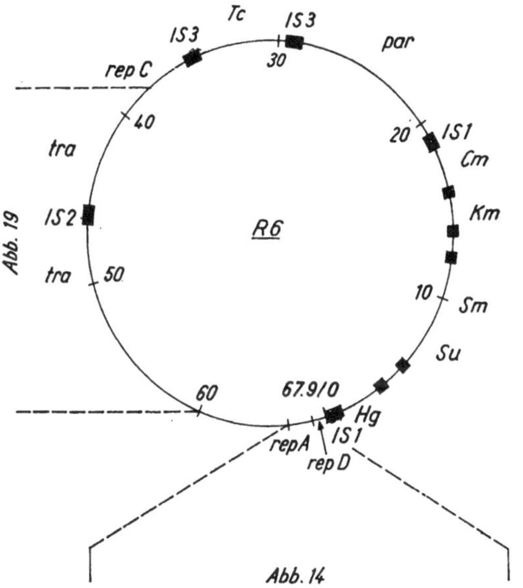

Abb. 4. Karte des *FII*-Gruppen Plasmids R6 (modifiziert nach TIMMIS et al. 1979 in TIMMIS und PÜHLER 1979).
Die schwarzen Kästchen zeigen Insertions-Sequenzen an. Die Regionen Tra (Abb. 19.) und die Regionen Rep (*repA*) (Abb. 14.) sind ausführlicher dargestellt. Abkürzungen siehe S. 187.

die Pilusausbildung ein weiteres Merkmal der Plasmide, welches für die unterschiedlichen Plasmidgrößen verantwortlich sein könnte (zur Größe einiger *Tra*-Bereiche vgl. Abb. 4—7).
Da nach Kalkulationen für verschiedene Plasmide die Angehörigen der Gruppen (*F*, *W*, *I*, *P*, *K*, *H1* etc) etwa 1/3 der gesamten Plasmid-DNA für die Realisierung der Ausbildung der Pili und der konjugativen Replikation benötigt wird, kann man die Pilusausbildung, Pilus-Spezifität, und wie man heute weiß auch die

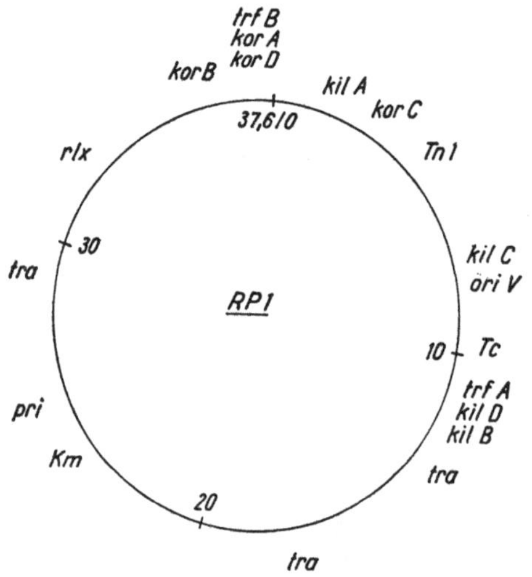

Abb. 5. Die Karte des *P*-Gruppen-Plasmids RP1 (modifiziert nach SMITH und THOMAS 1984, J. Gen. Microbiol. **130**, 1651).
Im Gegensatz zu den meisten anderen bekannten Plasmiden ist die *Rep*-Region von RP1 verhältnismäßig groß (etwa 15 Md), also fast die Hälfte des Molekulargewichts. Die *Tra*-Region ist in drei Sub-Regionen unterteilt (*tra*1, *tra*2, *tra*3).
Für die Tc und Km Region sind keine IS Sequenzen oder IR Sequenzen bekannt.
Für Plasmide der P-Gruppe sind einige Merkwürdigkeiten bekannt geworden: die Gene *kil* stoppen das Wachstum der Wirtszelle (aktivieren des Gen trfA; Endonuklaese?), das Gen kor unterdrückt die Wirkung von *kil* (inaktiviert aber das Gen trfA; Methylase?). Beide Gene gehören zur *Rep*-Region als Kontrollelemente. Die Gene *trfA* und *trfB* sind die eigentlichen Gene für die Replikation, Replikationskontrolle Inkompatibilität und Verteilung.
trfB und *trfA* wirken am *oriV*. Die Replikation beginnt am oriV entgegen dem Uhrzeigersinn.
Über die *Tra* Gene ist noch wenig bekannt. Die konjugative Replikation beginnt am Gen *rlx* (*oriT*). Das Gen *pri* (Primase) ist für die „Ansynthese" des komplementären Stranges im Rezipienten verantwortlich. (Primer Bildung; vgl. Text).

konjugative Replikation (3.2) der Plasmide als weitere Merkmale der Plasmide auffassen, die für eine große Sequenzhomologie untereinander bzw. für die gemeinsamen Molekulargewichtsbereiche sprechen. Bedingen also die plasmidspezifischen Eigenschaften ganz bestimmte Molekülgrößen und Sequenzhomologien, die auf die Existenz dazu notwendiger gemeinsamer DNA Bereiche zurückgeführt werden können, so kann das nur darauf schließen lassen, daß Plasmide zur Realisierung ihrer Lebensweise (Kap. 3) ganz verschiedene genetische „Systeme“ „einsetzen“, daß also die gemeinsame DNA Sequenzen eine Artspezifität anzeigen. Das bedeutet, daß die in Bakterien natürlich vorkommenden Plasmide nicht zufällig arrangierte DNA Moleküle darstellen, die verschie-

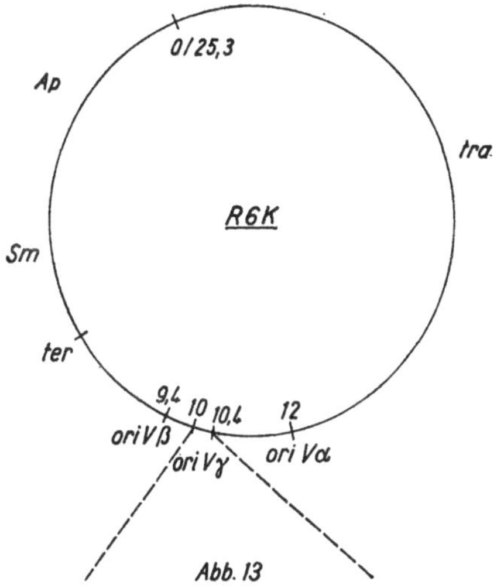

Abb. 6. Die Karte des X-Gruppen Plasmids R6K (modifiziert nach Kolter und Helinski 1978, J. mol. Biol. **124**, 425; und Kolter und Helinski 1982, J. mol. Biol. **161**, 45).
Die Rep-Region des Plasmids ist in Abb. 12 ausführlich dargestellt.
Abkürzungen siehe S. 187.

dene bakterienphysiologische Leistungen vollbringen, sondern daß sie phylogenetisch ganz bestimmten Verwandtschaftskreisen angehören und in ihrer Artzugehörigkeit erkennbar sind, gleichgültig welcher bakteriellen oder geographischen Herkunft sie entstammen. Plasmide sind als distinkte biologische Elemente auf DNA Molekülebene aufzufassen, die mit den verschiedenen Bakterienarten eine quasi symbiontische Lebensweise eingegangen sind. Diese Vorstellung über die Existenz einer besonderen Klasse biologisch selbständiger Elemente auf Molekülebene wird mit der Plasmid-Spezies-Hypothese umschrieben. Die **Plasmid-Spezies-Hypothese** geht davon aus, daß Plasmide als Arten, d. h. als phylogenetisch verwandte Typen existieren, die sich von anderen Plasmidarten durch eine Reihe von artkonstanten Merkmalen abgrenzen lassen. Zu diesen Merkmalen ist die artspezifische Replikation und die damit verbundene phänotypische Erscheinung der Inkompatibilität zu rechnen, die konjugative Replikation sowie die zum Transfer der Plasmide notwendigen Sex-Pili. Zusätzlich kann man den Wirtsbereich und das „fertility inhibition" dazu stellen. Diese **arttypischen Merkmale** drücken sich molekular in der nachgewiesenen Nukleotid-Sequenzen-Homologie und in artspezifischen Molekulargewichten aus (Abb. 3). Alle Plasmidspezies besitzen durch ihre besonders strukturierte Int/Exc. Region die Fähigkeit, fremde DNA Sequenzen zu koppeln (siehe Kap. 3.3.) und stabil ins Molekül zu integrieren. Dadurch treten R Plasmide auf, wenn sie für Antibiotika-Resistenzen kodieren, Col-Plasmide, wenn sie Colicine ausbilden, Vir Plasmide, wenn sie für Virulenz- und Pathogenitätsfaktoren verantwortlich sind usw... Erwartungsgemäß beobachtet man auch Plasmide ohne solche Determinanten, sie werden als *cryptische* Plasmide bezeichnet und stellen die „Vorläufer" der zusammengesetzten Plasmide dar. Es ist also verständlich, daß man eine Korrelation von Plasmidspezies-Zugehörigkeit und der Ausbildung von somatischen Funktionen für die Bakterienwirte nicht finden kann.

Daß solche Eigenschaften wie Replikationsspezifität, Inkompatibilität, Pilus und Transfer-Spezifität bei den natürlich vorkommenden Plasmiden nicht in wahlloser freier Kombination auftreten, sondern sich zu artspezifischen Komplexen zusammenfinden, geht aus den genetischen und epidemiologischen Analysen an Plasmiden der letzten Jahre hervor.

Eine Auswahl von repräsentativen Vertretern verschiedener **Plasmidarten** ist in Tab. 5 zusammengestellt. Sie zeigt, daß arttypische Kombinationen von Merkmalen eindeutig und unabhängig von der geographischen und bakteriellen Herkunft der Plasmide zu definieren sind. Nie sind Plasmide beschrieben worden, die eine Transferspezifität z. B. vom F Plasmid (F-Pilus) und eine Inkompatibilitätsspezifität vom C Plasmid (*IncC*) und einen Wirtsbereich vom *I1* Plasmid aufwiesen, sondern alle Plasmide der Inkompatibilitätsgruppe *C* zeigten stets die Bildung des besonderen Pilustyps „C" auf usw. Auch wenn Plasmide bekannt geworden sind, die trotz unterschiedlicher Inkompatibili-

Tabelle 5

Übersicht der Eigenschaften von bekannten Plasmidarten

Plasmidart (Gruppe)	Gruppenformel und Beispiele[1])			
B[2])	IncB; Tra^+; Pilus: flexibel, 6 nm ∅, konstitutiv; Dps^-, Fi^-; MG: 55–65 Md			
	R16,	62 Md,	SmSuTcAp	*Escherichia coli*, Mexiko
	pIE469	60 Md	KmSu	*Escherichia coli*, UdSSR
	pIE401	64 Md	TcCmSmSuAp	*Shigella dysenteriae* 1, SR Vietnam
	pIE649	70 Md	Hg	*Escherichia coli*, DDR
C[3])	IncC; Tra^+; Pilus: flexibel, 9 nm ∅, reprimiert; Dps(C1), Fi^-; MG: 100–120 Md			
	pIP55a	105 Md	SuCmGm(Tb)Ap	*Klebsiella pneumoniae*, Frankreich
	pIE403	110 Md	Su	*Providencia stuartii*, DDR
	pIE466	120 Md	SuSmTcApGm(Tb)	*Proteus rettgeri*, VR Bulgarien
D	IncD; Tra^+; Pilus: flexibel, 9 nm ∅, reprimiert; Dps(M13), Fi^+; MG: 55–60 Md			
	R711b	55 Md	Km	*Providencia inconstans*, England
	pIE580	55 Md	CmSmSuApTpGm	*Citrobacter freundii*, DDR

[1]) siehe Abkürzungsverzeichnis (S. 187).

[2]) Plasmide der Gruppen *B* und *Z* kommen in Enterobacteriaceae und Verwandten gramnegativen Bakterien (*Serratia*, *Aeromonas*) vor. Die Plasmidgruppe *B* unterscheidet sich von der *Z* hinsichtlich des Inkompatibilitätsverhaltens eindeutig. Hinsichtlich des Pilustyps ähneln sich beide Gruppen, ebenso wie mit *K*. Die Pilustypen unterscheiden sich jedoch serologisch.

[3]) Die *IncA* und *IncC* Plasmide sind sowohl im Transferverhalten (Pilustyp) als auch im Inkompatibilitätsverhalten identisch. Daher werden Plasmide dieser beiden Gruppen als „*C*" zusammengefaßt.

Tabelle 5 (Fortsetzung)

Plasmidart (Gruppe)	Gruppenformel und Beispiele			
FI[4])	IncFI; Tra^+; Pilus: flexibel, 9 nm ⌀; Dps (M13, R17 Fi^+/Fi^-; Mg: 60—100 Md			
	pIE754	90 Md	Hyd	*Escherichia coli*, DDR
	pIE551	60 Md	CFAI	*Escherichia coli*, Äthiopien
	R386	75 Md	Tc	*Escherichia coli*, England
	R773	60 Md	TcSmAr	*Escherichia coli*, England
	pIE517	95 Md	TcCm*Phi*KmApa*Hyd*	*Salmonella typhimurium*, Mongolei
FII	IncFII: Tra^+; Pilus: flexibel, 10 nm ⌀; Dps (M13, R17), reprimiert, Fi^+; MG: 50—70 Md			
	R1	62 Md	CmSmSuApKmHg	*Salmonella paratyphi* B, England
	pIE454	48 Md	Tox (LT)	*Escherichia coli*, Äthiopien
	R100	60 Md	CmSmSuTcHg	*Shigella flexneri*, Japan
	R6	67 Md	CmSmSuTcHgKm[5])	*Salmonella typhimurium*, BRD
FIV	IncFIV; Tra^+; Pilus: flexibel, 10 nm ⌀; Dps (M13, R17), reprimiert; Fi^+; MG: 80—90 Md			
	R124	80 Md	Tc*Phi*(HspIII)	*Salmonella typhimurium*, England
	pJL1	92 Md	Vir	*Escherichia coli*, Kanada
FVI	IncFVI: Tra^+; Pilus: flexibel, 10 nm ⌀; Dps (M13, R17), konstitutiv, Fi^-; MG: 90—110 Md			
	pHly33	100 Md	Hly	*Escherichia coli*, DDR[6])
	pGL611	65 Md	CmTcApKm*Lac*	*Klebsiella pneumoniae*, Schweiz

[4]) Plasmide dieser Gruppe weisen ein breites Spektrum von somatischen Determinanten auf und gehören zu den verbreitetsten Plasmidarten. Sie determinieren verschiedene Antibiotikaresistenzen, Colicine, die Bildung von Hydroxamaten, Enterotoxien, Adhäsinen, Oberflächenantigene (Membranproteine) der Shigellen, Serumresistenzen, Oedemtoxine etc. (vgl. Tab. 11, 13, 14).
[5]) siehe Abb. 4
[6]) Das Plasmid *pHly33* stammt aus einem *E. coli* Stamm, der von einem Patienten mit einer Pyelonephritis isoliert wurde.

Tabelle 5 (Fortsetzung)

Plasmidart (Gruppe)	Gruppenformel und Beispiele			
FIX[7])	IncFIX; Tra^+; Pilus: flexibel, 100 nm ∅; Dps (M13, R17)			
	R71a	80 Md	CmTcApSmSu	*Escherichia coli*, Frankreich
H1[8])	IncH1; Tra^+ (ts) Pilus: flexibel, 11 nm ∅; reprimiert; Dps^-, Fi^-; MG: 110—150 Md			
	R27	112 Md	Tc	*Salmonella typhimurium*, England
	Tp123	120 Md	CmSmSuTc	*Salmonella typhi*, Mexiko
	pIE571	115 Md	CmSmSuKm	*Escherichia coli*, DDR
	pOH237	110 Md	Cit	*Salmonella typhimurium*, Japan
H2[8])	IncH2: Tra^+ (ts); Pilus: flexibel, 11 nm ∅, reprimiert; Dps^-, Fi^+; MG: 140—160 Md			
	R478	166 Md	CmTcKmKt	*Serratia marcenscens*, USA
	pIE428	140 Md	CmSmSuGmKt	*Salmonella isangi*, VR Bulgarien
	pIE648	160 Md	HgKt	*Escherichia coli*, DDR[9])
H3	IncH3: Tra^+; Pilus: flexibel, 11 nm ∅; Dps^-, Fi^-			
	MIP233	140 Md	*Sac*Kt	*Salmonella ohio*, England
	pIE720	130 Md	cryptisch	*Escherichia coli*, DDR
	pIE757	140 Md	Hg	*Escherichia coli*, DDR

[7]) Plasmide dieser Gruppe wurden als *com9* bezeichnet. Es stellte sich heraus, daß sie das *Tra-F* System besitzen. Deshalb werden sie hier als *FIX* Gruppe aufgeführt.

[8]) Die Plasmide der Gruppe *H1* lassen sich sowohl durch ihre Polynukleotidsequenzhomologie als auch durch ihr Inkompatibilitätsverhalten von *H2*, *H3*, *H4* etc. differenzieren. Die zwischen diesen Plasmidgruppen vielfach beobachteten „Eliminierungen des residenten Plasmids“ durch das Donorplasmid sind phänotypisch von der Inkompatibilitätsreaktion klar zu trennen. Molekular ist dieses Phänomen noch nicht zu erklären.

[9]) Plasmide der *H2* Gruppe wurden früher als *S* Gruppe bezeichnet. Da *H1*, *H2*, *H3* etc. ein gleiches oder sehr ähnliches Transfersystem besitzen, werden diese Gruppen analog zu den *F* oder *I* Komplexen als *H1*, *H2*, *H3* etc. bezeichnet.

Tabelle 5 (Fortsetzung)

Plasmidart (Gruppe)	Gruppenformel und Beispiele			
H4[10])	IncH4: Tra$^+$; Pilus: flexibel, 11 nm ⌀, reprimiert; Dps$^-$, Fi$^-$; MG: 130—150 Md			
	pIE719	100 Md	cryptisch	*Escherichia coli*, DDR
	pIE577	140 Md	CmSmSuApGmKtHg	*Escherichia coli*, BRD
	pHH1508	130 Md	SmTpkt	*Klebsiella pneumoniae*, England
H5[11])	IncH5: Tra$^+$; Pilus: flexibel, 11 nm ⌀, reprimiert; Dps$^-$, Fi$^-$; MG: 160			
	pIE702	160 Md	CmSmSuTcKmGmKt	*Escherichia coli*, DDR
I1	IncI1: Tra$^+$; Pilus: flexibel, 6 nm ⌀; Dps (ifm), reprimiert, Fi$^-$; MG: 50—70 Md			
	R64	72 Md	SmTc*Phi*	*Salmonella typhimurium*, England
I2	IncI2: Tra$^+$; Pilus: flexibel, 6 nm ⌀; Dps (ifm, PRD1, Ike), reprimiert, Fi$^+$; MG: 50—55 Md			
	pIE175	55 Md	Ap	*Salmonella wien*, Frankreich
	pIE636[11])	55 Md	SmSpSt	*Escherichia coli*, DDR
I4[12])	IncI4: Tra$^+$; Pilus: flexibel, 6 nm ⌀; Dps (ifm) reprimiert, Fi$^+$; MG: 75 Md			
	pIE473	75 Md	CmSmSaTcKmPhi	*Salmonella typhimurium*, DDR
I5[12])	IncI5: Tra$^+$; Pilus: ?; Dps (ifm), reprimiert, Fi$^-$; MG: 70 Md			
	pIE360	70 Md	TpSmSuKm	*Escherichia coli*, DDR

[10]) Diese Plasmide wurden als *IncHII/1* bezeichnet. Hier wird aus Gründen der Einheitlichkeit der Nomenklatur H4 gewählt.
[11]) Neue *IncH* Gruppe.
[12]) Siehe dazu auch Bradley 1984 J. Gen. Microbiol. **130**, 1489.

Tabelle 5 (Fortsetzung)

Plasmidart (Gruppe)	Gruppenformel und Beispiele			
J	IncJ: Tra^+; Pilus: flexibel, 9 nm ∅, lang; Dps^-, Fi^-; MG: 80—90 Md			
	R391	80 Md	KmHg	*Proteus rettgeri*, Südafrika
K	IncK: Tra^+; Pilus: flexibel, 6 nm ∅; Dps^-, Fi^-; MG: 50—60 Md			
	R387	54 Md	CmSm	*Shigella flexneri*, SR Rumänien
	pIE312	60 Md	CmSmSuTcKmAp	*Shigella sonnei*, VR Bulgarien
	*p*IE313	55 Md	TcCm	*Shigella sonnei*, UdSSR
M[13])	IncM: Tra^+; Pilus: steif, 11 nm ∅, reprimiert; Dps (M1), Fi^-; MG: 55—65 Md			
	R446b	58 Md	SmTc	*Proteus morganii*, Südafrika
	pIE338	54 Md	CmSmTcApKm	*Salmonella isangi*, Belgien
	pIE458	57 Md	SmTp	*Citrobacter freundii*, DDR
	pIE556	50 Md	CmSmSuTcApKmGm	*Escherichia coli*, DDR
N[13])	IncN: Tra^+; Pilus: steif, 9 nm ∅, kurz; Dps (Ike, PRD1), konstitutiv, Fi^-; MG: 25—35 Md			
	pIE305	25 Md	Phi (hspII)	*Shigella sonnei*, DDR
	RN3	33 Md	TcSmSu*Phi* (hspII)	*Shigella flexneri*, Japan
	pIE492	30 Md	CmSmSu	*Escherichia coli*, DDR
OF[14])	IncOF; Tra^+, Pilus: flexibel, 10 nm ∅; Dps (M13, UA3), reprimiert, Fi^+			
	pIE584	60 Md	SmSuCmTpApGm	*Citrobacter freundii*, DDR
	pIE509	62 Md	Km	*Klebsiella pneumoniae*, DDR
	Folac	65 Md	Lac	*Salmonella typhi*, USA

[13]) Offenbar gibt es für diese Plasmidarten ebenso weitere Unterteilungen (analog zu *F*, *H*, *I* etc.).
[14]) Die Plasmidgruppe *OF* wurde früher als *IncFV* bezeichnet. Sie besitzt aber ein Transfersystem, welches den F-Plasmiden nicht gleicht. Von E. Lederberg daher als *OF* (wegen Folac) Gruppe bezeichnet.

Tabelle 5 (Fortsetzung)

Plasmidart (Gruppe)	Gruppenformel und Beispiele			
P[15])	IncP: Tra^+; Pilus: steif, 8 nm ∅, kurz; Dps (PRR1, PRD1), konstitutiv, Fi^-; MG: 30—40 Md			
	RP1	38 Md	TcApKm	*Pseudomonas aeruginosa*, England
	R751	30 Md	Tp	*Klebsiella aerogenes*, England
	pIE521	35 Md	SmSuAp	*Salmonella binz*, UdSSR
Q[15])	IncQ: Tra^-; MG: 5—7 Md			
	R464C	5,7 Md	SmSu	*Proteus morganii*, Südafrika
	RSF1010	5,0 Md	SmSu	*Salmonella typhimurium*, England
	pIE723	6,5 Md	SmSuGm	*Escherichia coli*, VR Bulgarien
T	IncT: Tra^+; Pilus: flexibel, 9 nm ∅, konstitutiv, Dps (t), Fi^-; MG: 90—100 Md			
	Rts1	110 Md	Km	*Proteus mirabilis*, Japan
	R401	95 Md	ApSm	*Proteus rettgeri*, Südafrika
U[13])	IncU: Tra^+; Pilus: steif, kurz, ca. 9 nm ∅; Dps^-, Fi^-; MG: 25—30 Md			
	pIE420	26 Md	SmSuTcTp	*Escherichia coli*, DDR
	pCV9	25 Md	CmAmKm	*Proteus morganii*, CSSR
	pIE 432	27 Md	TpSa	*Escherichia coli*, DDR
V	IncV: Tra^+; Pilus: flexibel, 9 nm ∅, reprimiert; Dps^-, Fi^-; MG: 70—90 Md			
	R753	68 Md	CmSmSuAp	*Proteus mirabilis*, Thailand
	R769	78 Md	CmSmSuKm	*Proteus mirabilis*, Indien

[15]) Siehe dazu die „*Pa*" Gruppen Plasmide von *Pseudomonas aeruginosa*.

Tabelle 5 (Fortsetzung)

Plasmidart (Gruppe)	Gruppenformel und Beispiele			
W1[16])	IncW1: Tra^+; Pilus: steif, 9 nm ∅, Dps (PRD1), konstitutiv, Fi^-; MG: 20—30 Md			
	Rsa	23 Md	CmSmSuKm	*Shigella flexneri*, Japan
	pIE522	25 Md	SuGm	*Klebsiella pneumoniae*, DDR
	R388	21 Md	TpSu	*Escherichia coli*, England
W2[16])	IncW2: Tra^+; Pilus: steif, 9 nm ∅, Dps (PRD1), Fi^-, konstitutiv; MG: 20 Md			
	pIE357	20 Md	cryptisch	*Shigella sonnei*, Bulgarien
W3[16])	IncW3: Tra^+; Pilus: steif, 9 nm ∅, Dps (PRD1), Fi^-, konstitutiv; MG: 25—30 Md			
	pIE638	23 Md	SmSpSt	*Escherichia coli*, DDR
W4[16])	IncW4: Tra^+; Pilus: steif, 9 nm ∅, Dps (PRD1), Fi^-, konstitutiv; MG: 20—25 Md			
	pIE384	20 Md	cryptisch	*Shigella sonnei*, DDR
X1[17])	IncX1: Tra^+; Pilus: flexibel, 9 nm ∅, Dps (x), Fi^+, MG: 25—35 Md			
	R6K	25 Md	SmAp	*Proteus rettgeri*, Griechenland
	pIE663	33 Md	SmSpSt	*Escherichia coli*, DDR
X2[16])	IncX2: Tra^+; Pilus: flexibel, 9 nm ∅, Dps (x), Fi^-; MG: 30—40 Md			
	pIE758	35 Md	SmSpSt	*Escherichia coli*, DDR
	pIE368	37 Md	TcSmKm	*Escherichia coli*, DDR
	pIE760	35 Md	TcAp	*Shigella smitzii*, CSSR

[16]) Die Differenzierung von Plasmiden mit gleicher Transfer-Eigenschaft und unterschiedlichen Inkompatibilitätsspezifitäten dieser Gruppe erfolgte analog zu den Komplexen *F*, *I*, *H*.
[17]) andere Plasmide wurden in die D Gruppe gestellt.

Tabelle 5 (Fortsetzung)

Plasmidart (Gruppe)	Gruppenformel und Beispiele			
Z[18])	IncZ: Tra^+; Pilus: flexibel, 6 nm ∅, Fi^-, DPS^-; MG: 65—75			
	pIE544	70 Md	TcCmSuAp Phi	*Escherichia coli*, VR Polen
	pIE544-1	60 Md	TcSm	*Escherichia coli*, VR Polen
	pIE545	65 Md	KmSu	*Escherichia coli*, DDR
	pIE620	70 Md	TcSmSu	*Shigella flexneri*, VR Bulgarien
	pIE623	60 Md	CmSmSuTc	*Shigella sonnei*, DDR
Pa1[19])	IncP1; entspricht der P-Gruppe von Enterobacteriaceae			
Pa2[20])	IncP2; Tra^+; Pilus: kurz (kein konjugativer Transfer auf Enterobacteriaceae; MG: 50—100			
	pLB931	55 Md	SmTc	*Pseudomonas aeruginosa*, USA
	CAM	96 Md	Cam	*Pseudomonas putida*, England
	pMG31	60 Md	GmSmTc	*Pseudomonas aeruginosa*, Japan
Pa3	entspricht C-Gruppen-Plasmiden der Enterobacteriaceae			
Pa4	entspricht den Q-Gruppen-Plasmiden der Enterobactericeae			
Pa5[20])	IncP5; Tra^+			
	Rms163		CmSuTc	*Pseudomonas aeruginosa*, Japan
Pa6	IncP6; Tra^+			
	Rms149		SmSuGmApPhi	*Pseudomonas aeruginosa*, Japan

[18]) Die Plasmidgruppen *B* und *Z* sind sich hinsichtlich des Pilustyps und des Transfersystems ähnlich. Sie bilden ähnlich wie die *H1* und *H2* Plasmide gegeneinander das Phänomen der „Eliminierung des residenten Plasmids" aus.

[19]) Die Plasmid Gruppen *Pa1*, *Pa2*, *Pa3* etc. sind zur Klassifizierung der Plasmide von *Pseudomonas aeruginosa* aufgestellt worden. Sie überschneiden sich zum Teil mit den Plasmidgruppen der Enterobactericeae.

[20]) Plasmide der Gruppen *Pa2* und *Pa5—Pa11* kommen nur in *P. aeruginosa* vor, *Pa1*, *Pa3* und *Pa4* entsprechen den Gruppen *P*, *C* und *Q* der Enterobactericeae.

Tabelle 5 (Fortsetzung)

Plasmidart (Gruppe)	Gruppenformel und Beispiele			
Pa7	IncP7; Tra^+			
	Rms148		Sm Phi	*Pseudomonas aeruginosa*, Japan
Pa8	IncP8; Tra^+			
	FP2	60 Md	Hg	*Pseudomonas aeruginosa*, Australien
Pa10	IncP10; Tra^+			
	pMG41	63 Md	SmSuGmKm	*Pseudomonas aeruginosa*, Japan
Pa11	IncP11; Tra^+			
	pMG39	57 Md	SuGmKmAp	*Pseudomonas aeruginosa*, Japan
Sa1[21])	Inc1; Tra^-[22]); MG: 18—20 Md			
	pI258	18,6 Md	PcCdAsHgEm	*Staphylococcus aureus*, Japan
	pP792	18,0 Md	PcCdHg	*Staphylococcus aureus*, DDR
	pP1408	18,0 Md	PcCdHgEm	*Staphylococcus aureus*, DDR
Sa2	Inc2; Tra^-			
	pIE147	21 Md	PcAsHgCdPb	*Staphylococcus aureus*, USA
Sa3	Inc3; Tra^-			
	pT127	2,7 Md	Tc	*Staphylococcus aureus*, Frankreich

[21]) Plasmide der Gruppen *Sa1* bis *Sa12* kommen nur in *Staph. aureus* vor. Ihre Bezeichnung erfolgt analog zu den Plasmiden der Enterobacteriaceae und Pseudomonaden. Eine verbindliche Klassifizierung dieser Plasmide liegt noch nicht vor.

[22]) Die Tra-Eigenschaft bedeutet, daß die Plasmide der *Staph. aureus* keine autonome Transferabilität aufweisen. Sie sind jedoch in der Lage, in Mischkulturen von Donorzellen auf Rezipientenzellen übertragen zu werden, wobei kein Plasmid-abhängiger Mechanismus wirkt.

Tabelle 5 (Fortsetzung)

Plasmidart (Gruppe)	Gruppenformel und Beispiele			
Sa4	Inc4; Tra⁻			
	pC221	3,1 Md	Cm	*Staphylococcus aureus*, USA
Sa5	Inc5; Tra⁻			
	pS177	2,6 Md	Sm	*Staphylococcus aureus*, USA
Sa6	Inc6; Tra⁻			
	pK545	14,6 Md	KmNm	*Staphylococcus aureus*, Frankreich
Sa7	Inc7; Tra⁻			
	pUB110	12 Md	PcCdFu	*Staphylococcus aureus*, England
Sa8	Inc8; Tra⁻			
	pC194	3,0 Md	Cm	*Staphylococcus aureus*, SR Rumänien
Sa9	Inc9; Tra⁻			
	pUB112	3,0 Md	Cm	*Staphylococcus aureus*, England
Sa10	Inc10; Tra⁻			
	pC223	3,0 Md	Cm	*Staphylococcus aureus*, USA
Sa11	Inc11; Tra⁻			
	pE194	2,3 Md	Em	*Staphylosoccus aureus*, SR Rumänien
Sa12	Inc12; Tra⁻			
	pE2222	1,8 Md	Em	*Staphylococcus aureus*, DDR

Tabelle 5 (Fortsetzung)

Plasmidart (Gruppe)	Gruppenformel und Beispiele			
Sf1[23])	pPD1	35 Md	Bac PR Uvr	*Streptococcus faecalis*, USA
	pAMg1	35 Md	Hly Bac PR UVr	*Streptococcus faecalis*, USA
Sf2	pCF10	35 Md	Tc PR UVr	*Streptococcus faecalis*, USA
Sg1[24])	pII501	20 Md	EmCm	*Streptococcus agalactiae*, USA
Sp1	pSM15346	19 Md	Em	*Streptococcus pyogenes*, DDR

[23]) Diese Plasmide kommen nur in *Streptococcus faecalis*-Stämmen (D Streptokokken) vor. Eine detaillierte Beschreibung findet sich bei CLEWELL 1981.
Eine verbindliche Klassifizierung liegt bisher nicht vor. Plasmide der Gruppe *Sf1* wiesen alle das vom Donorplasmid kontrollierte spezifische „Reagieren" auf die von einigen Rezipienten gebildeten „Sex-Pheromone" (vgl. Seite 72) auf. Man könnte diese Plasmidgruppen als autonom transferable Plasmide bezeichnen, jedoch ist der molekulare Mechanismus verschieden (vgl. Abb. 21).

[24]) Keine verbindliche Klassifikation der Plasmide vorhanden.

tätsgruppenzugehörigkeit den gleichen Pilus ausbilden (z. B. Plasmide der *FI*, *FII*; *I1*, *I2*;), so sind die *IncFI*, *IncFII* Eigenschaften nie mit anderen Tra-Eigenschaften (z. B. *M*, *K*, *H* etc.) assoziiert gefunden worden. (vgl. Kap. 3.1.).

Wenn also Plasmide als diverse Spezies (phylogenetische Kreise) in den natürlich vorkommenden Bakterien anzutreffen sind, so ist ihre „taxonomische" Erfassung sowohl naturwissenschaftlich interessant als auch praktisch (in medizinischer und epidemiologischer Hinsicht) notwendig. Dazu lassen sich für jede Plasmidart artspezifische „**Plasmidformeln**" aufstellen, deren Bestimmung und Erfassung als Plasmidtypisierung bezeichnet wird. Als Beispiel ist in Tab. 6 die Formel für die K-Gruppen Plasmide auf-

Tabelle 6

Plasmidformel für K-Gruppen-Plasmide

Plasmidarten K:	IncK; Tra^+; $Fi(F)^-$; Pil(K); Dps^-; Phi^-; MG: 50 bis 60 Md; EcoRI: 12.0, 10.2, 9.2, 8.4, 6.5, 5.4,
Bedeutung:	*IncK*: alle Plasmide sind untereinander und zweiseitig inkompatibel;
	Tra: autonom transferable Plasmide;
	Pil(K): serologisch identische Pili; *Fi(F)⁻*: keine Inhibition der F bzw. Hfr Fertilität; *Fin(K)*: Repression der Pilussynthese; Phi: keine Phageninhibition; *Dps*: die Pili besitzen für die bekannten Donorspezifischen Phagen (vgl. Tab. 4) keine Rezeptoren;
	MG: die Größe dieser Gruppe schwankt zwischen 50 und 60 Md;
	EcoRI: es liegen nach EcoRI Verdauung die angegebenen gemeinsamen Fragmente vor.

geführt. Als Idealform einer solchen Beschreibung und Definition der Plasmidarten wäre ihre vollständige **Kartierung** der sequentiellen Anordnung der Gene für Replikation, Transfer-Pilus, somatische Faktoren zu nennen, wie es für die bisher am besten bekannten Vertreter der Arten *FII*, *P1*, *N* und *X* in Abb. 4—7 wiedergegeben ist. Ein Vergleich der Karten zeigt, daß nicht nur die Molekulargewichte unterschiedlich sind, sondern auch die sequentielle Anordnung der verschiedenen Gene, daß aber Plasmidkarten von Angehörigen der gleichen Plasmidart (z. B. die *FII* Plasmide R6, R100 und R1) sich weitgehend gleichen (s. Abb. 8).

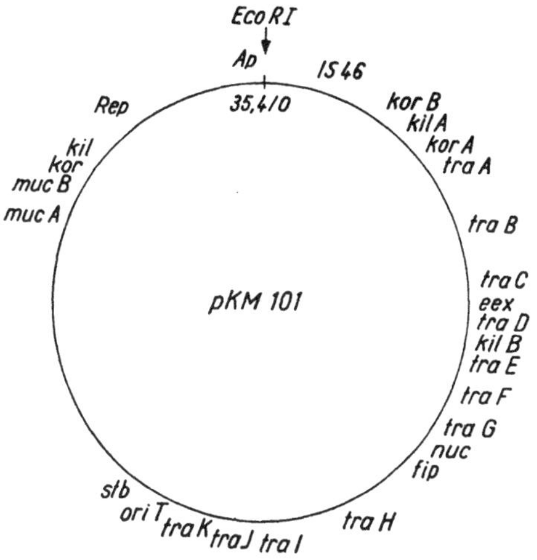

Abb. 7. Die Karte des N-Gruppen Plasmids pKM101 (modifiziert nach WINANS u. WALKER, J. Bacteriol. **161**, 402)
Das Plasmid pKM101 ist ein Derivat des Plasmids R46 und kodiert für eine Ampicillinresistenz (β-Lactamase). Ähnlich wie bei den P Gruppen Plasmiden treten hier die Gene kil (Lethalität für den Rezipienten) und kor (Unterdrückung von kil) auf, die aber essentielle Bestandteile sowohl der Transferregulation als auch der vegetativen Replikation (rep) der N-Plasmide sind. Die tra-Gene sind nicht in einem Operon organisiert (wie bei den F-Gruppen Plasmiden), sondern werden unabhängig von einander transkribiert.

eex — kodiert für die „entry exclusion"; nicht wie bei den P Plasmiden für die konjugative Übertragung essentiell;
fip — fertility inhibition von P Plasmiden;
nuc — Bildung der Endonuklease EcoRII; die gene fip und nuc sind in der Regulation des DTR-System involviert.
stb — Partetition, Verteilung
oriT — Beginn der konjugativen Replikation
muc — Mutagenese-Erhöhung

Verständlich ist, daß solche Kartierungen nur für einige Vertreter der Plasmidarten durchführbar ist, daß man für praktische Zwecke der „taxonomischen" Erfassung der Plasmidspezies andere, einfachere aber ebenso spezies-anzeigende Tests durchführen muß. Da alle beschriebenen plasmidspezifischen Merkmale wie Sequenzhomologie, Molekulargewicht, Pilus- und Transfer-Spezifität, Inkompatibilität nur in **speziestypischen Kombinationen** vor-

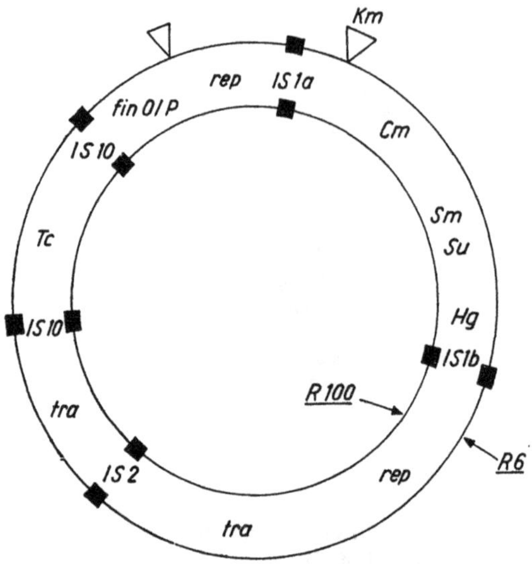
Km
rep
IS 1a
fin O/P
Cm
IS 10
Sm
Su
Tc
Hg
IS 10
IS1b
R 100
tra
R6
IS 2
rep
tra

Abb. 8. (1)

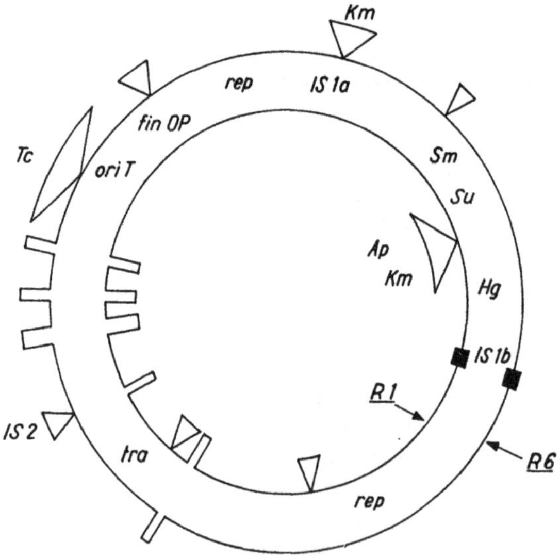
Km
rep
IS 1a
fin OP
Tc
ori T
Sm
Su
Ap
Km
Hg
IS 1b
R 1
IS 2
tra
R6
rep

Abb. 8. (2)

kommen (vgl. Plasmidformel Tab. 6), lassen sich insbesondere für die praktischen Zwecke der Plasmidtypisierung die Merkmale Inkompatibilität, Endonuklease-Verdauungsmuster, Molekulargewicht und Pilus-Spezifität herausstellen:

1. Plasmide gleicher Gruppenzugehörigkeit, also verwandte Plasmide, sind inkompatibel, unverträglich (Abb. 9). Stellt man ein Plasmid-Doppel her, so erweist sich dieses als instabil, man beobachtet das Segregieren des einen oder des anderen Plasmids.

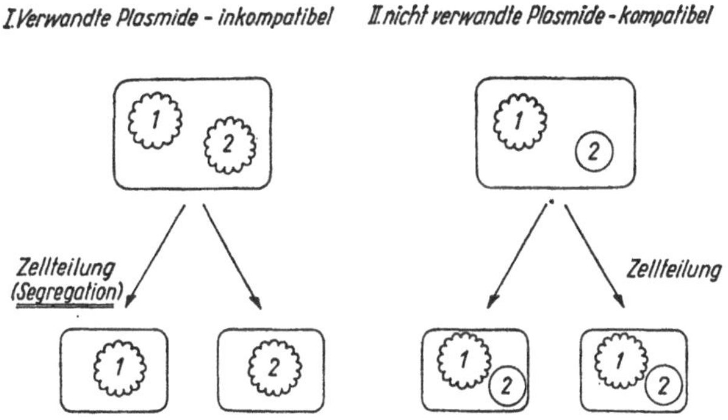

Abb. 9. Plasmide gleicher Verwandtschaftszugehörigkeit sind inkompatible, kompatible Plasmide sind nicht verwandt.

Abb. 8. Schematische Darstellung der Verwandtschaft der FII-Gruppen Plasmide R6, R100 und R1 (modifiziert nach SHARP et al. J. mol. Biol. 75, 235)
Die Karten der Plasmide R6 und R100 bzw. R6 und R1 sind im Heteroduplex-Schema gezeichnet. Außer zwei zusätzlichen Insertionen im R6 Genom (Km-Insertion bei finOP) sind beide Plasmide homolog. Dagegen zeigen die Karten R6/R1 zahlreiche Unterschiede. Auf beiden Plasmiden erfolgten an unterschiedlichen Stellen Insertionen (Km und Tc für R6, KmAp für R1). Im Bereich der Tra Gene K bis W (vgl. Abb. 19) gibt es Bereiche der Nicht-Homologie. Die Insertion des IS2 in den Tra-Bereich von R6 bzw. R100 liegt für R1 nicht vor.
Das Plasmid R6 wurde von G. LEBEK in der BRD aus *S. typhimurium*, R100 von K. OCHIAI in Japan aus *Sh. flexeneri* und R1 von N. DATTA in England aus *S. typhimurium* (vgl. Tab. 1) isoliert.

2. Plasmide gleicher Gruppenzugehörigkeit zeigen weitgehende Sequenzhomologien, sie sollten also weitgehende ähnliche Verdauungsmuster nach Behandlung mit bestimmten Endonukleasen zeigen (*EcoRI* z. B.). In Abb. 10 sind die *EcoRI* Verdauungsmuster für eine Reihe von Plasmiden aufgeführt, die zur Gruppe *Z* gehören. Man kann weitgehende gleiche Verdauungsmuster erkennen.
3. Plasmide gleicher Gruppenzugehörigkeit weisen ein weitgehend ähnliches Molekulargewicht auf, welches nach Agarose-Gel-Elektrophorese leicht und schnell zu ermitteln ist (Abb. 3).

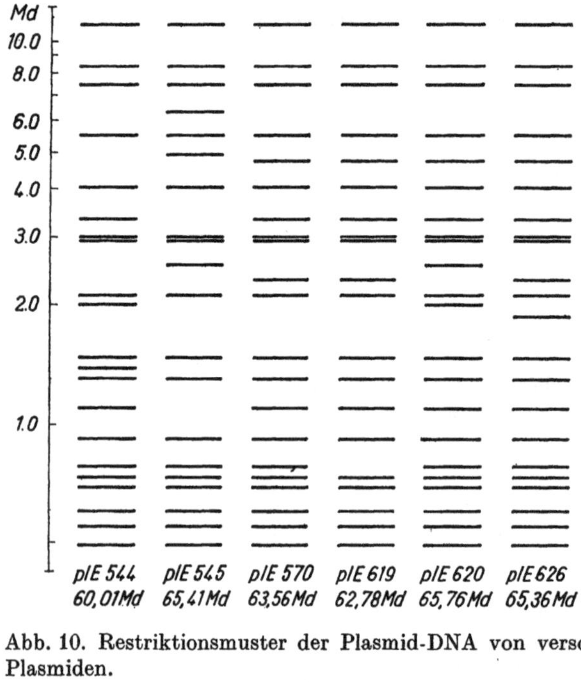

Abb. 10. Restriktionsmuster der Plasmid-DNA von verschiedenen *IncZ* Plasmiden.
Die Fragmente wurden durch Verdauung der isolierten Plasmid-DNA mit Hilfe der Endonuklease *EcoRI* (vgl. Tab. 23) hergestellt. Die Abbildung faßt die Ergebnisse endonukleolytischen Verdauungen verschiedener *IncZ* Plasmide zusammen, die nach Verwendung verschiedener Agarosegel-Konzentrationen erhalten wurden. Die Plasmide *pIE544*, *pIE545* und *pIE620* sind in Tab. 5 aufgeführt, die Plasmide *pIE570* (SmSuTc) *pIE619* (Su) und *pIE626* (CmSmSuTcAp) sind bei Tschäpe und Tietze 1983 Zschr. Allg. Mikrobiol. **23** : 393—401 beschrieben.

Abb. 11. Schema der Plasmidtypisierung.

4. Plasmide gleicher Gruppenzugehörigkeit weisen eine gleiche Empfindlichkeit gegen die Pilus-spezifischen Phagen auf, was man leicht im indirekten Vermehrungstest erfassen kann (vgl. Tab. 4).

Die Bestimmung solcher Plasmidmerkmale ist nur möglich, wenn man die zu typisierenden Plasmide nach Isolierung und Separierung aus den Bakterien-Wildstämmen in *E. coli* K12-Teststämme einzeln untersucht (Abb. 11). Dabei bedient man sich der Konjugation, der Mobilisierung, der Transduktion oder der Transformation. Liegen einzelne Plasmidmoleküle in dem Teststamm vor, dann wird durch die genetischen und molekularen Tests (siehe vorstehend) die Plasmidart ermittelt. Zusätzlich wird durch die Erfassung der somatischen Leistungen derjenige Beitrag festgestellt, den Plasmide zum Zustandekommen eines besonders qualifizierten Bakterienklons beisteuern.

Diese Art der **Typisierung** der Plasmide stellt ein wichtiges Kriterium für die klinische und epidemiologische Diagnostik von Bakterienstämmen (Plasmid-Muster-Analyse siehe Kapitel 7.2.) und den von ihnen verursachten Krankheiten bzw. epidemischen Prozessen dar. Sie ist aber auch die Voraussetzung für die Untersuchung der Plasmidzirkulation (Zirkulations-Hypothese siehe Kapitel 6.2.) und der Abschätzung der Plasmidverbreitung. Die Richtigkeit der Plasmid-Spezies-Hypothese, d. h. die natürliche Existenz von differentialdiagnostisch, unabhängig in Ort und Zeit zu erkennenden DNA Moleküle mit artkonstanten Eigenschaften, ist die wissenschaftlich-theoretische Grundlage für die Verläßlichkeit dieser neuen molekularen Methoden der klinischen und epidemiologischen Mikrobiologie. (7.2.).

3. Die Lebensweisen der Plasmide

Die strukturelle Eigenständigkeit und die phylogenetische Differenzierung der Plasmide in Arten wird durch die Plasmid-Spezies-Hypothese zusammenfassend dargestellt (Kap. 2). Sie behauptet, daß Plasmide als eine Klasse biologischer Elemente zu betrachten sind, die auf genetischem Niveau in Bakterienzellen parasitieren und sich aufgrund von artspezifischen Leistungen und Merkmalen differenzialdiagnostisch erfassen lassen. Wie Tab. 3 zeigt, müssen Plasmide verschiedener Artzugehörigkeiten für die Ausbildung ihrer Artmerkmale qualitativ wie quantitativ sehr unterschiedliche genetische Informationen einsetzen, z. B. brauchen Plasmide der Gruppe *W* dazu etwa 20 Gene, während die Plasmide der Gruppe *H1* mindestens 100 Gene zur Realisierung ihres eigenständigen Artlebens benötigen.

Diese Eigenständigkeit der Plasmidarten wird durch ihre drei besonderen biologischen Äußerungen erfüllt:

1. durch eine **autonome Replikation** und durch eine mit der Wirtszelle korrelierte Verteilung der Plasmid-DNA Kopien (*Rep-*, *Inc-*, *Par*-Bereich auf der Plasmidkarte, vgl. Abb. 4—7);
2. durch eine **autonome konjugative Transferabilität** oder **Mobilität** der Plasmid-DNA von einer Donorzelle in Rezipientenzellen (Tra-Bereich, vgl. Abb. 4—7);
3. durch eine spezifische **Integrationsregion**, die **heterologe DNA koppeln** kann (die somatische Genote der Plasmide); dadurch wird die heterologe DNA nicht „wahllos" in die Plasmid-DNA eingebaut, sondern nur an einer bestimmten Stelle kointegriert und stabil replikativ wie konjugativ weitergegeben.

Diese drei Aspekte der plasmidalen Lebensformen ermöglichen einerseits, daß Plasmide die genetische Last der Variabilität, Anpassungsfähigkeit und Flexibilität für die Bakterienpopulationen „übernehmen" konnten, andererseits selbst als Arten phylogenetisch „erhalten" bleiben.

3.1. Die vegetative Vermehrung und Verteilung der Plasmide (Replikation und Inkompatibilität)

Die autonome Replikation — ihre vegetative Vermehrung und Verteilung — ist die eigentlich essentielle Eigenschaft der Plasmide als unabhängige genetische Zellelemente. Den molekularen Ablauf kennt man erst in groben Zügen für wenige Plasmidarten, so für einige Vertreter der *FII* Gruppe (R6, R100, R1), einige der *FI* (F6, R455, R386), der *P* (RP1, R1818) und für einige Vertreter der *X* Gruppe (R6K). Darüber hinaus ist die Replikation für Plasmide vom Typ ColE1 (RSF1030, pMB1, p15A) der Enterobacteriaceae und für Plasmide der Gruppe *Sa3* (pT127, pT181, pSN1) von *Staph. aureus* in einigen Grundzügen beschrieben worden.

Für alle bisher diesbezüglich untersuchten Plasmidarten ist festzustellen, daß sie in ihrer Replikation von der Wirtspolymerase III (dnaE) abhängig sind, während sie auf einige andere Wirtsfunktionen (Tab. 7), die für die Replikation des chromosomalen DNA gebraucht werden, verzichten können.

Sieht man von einigen der „primitiven" Plasmide wie die ColE1 Typen ab, so kann man sagen, daß alle Plasmide sich die Polymerase III spezifisch für ihre Replikation „markieren", was gleichzeitig mit der Inzision (Initiation) der Plasmid-DNA am *oriV* Lokus (vgl. Abb. 4—6, 12—16) einhergeht. Darüberhinaus führt das zu einer festen Bindung von replizierter, neusynthetisierter DNA (Zellmembranfraktionen), was einer gerichteten Verteilung der Plasmidkopien auf die Tochterzellen zugute kommt. Diese markierte Polymerase III verdoppelt die Plasmid-DNA beginnend am oriV in unidirektioneller oder bidirektioneller Weise, wobei einige Plasmide mehrere *oriV* Regionen aufweisen. Die Bedeutung der unidirektionellen oder bidirektionellen Replikation aber auch die Existenz mehrerer Start-Regionen der vegetativen Replikation ist bisher nicht verstanden.

Tabelle 7

Chromosomal determinierte Replikationsfunktionen von *E. coli* K12 und ihre Bedeutung für die Plasmidreplikation

Loci	Funktion	Plasmide autonom
dnaA	Initiation	ja
dnaB	ATPase	ja
dnaC	Kettenlänge	nein
dnaE	Polymerase III	nein
dnaG	Primase	ja[1])
dnaI	Initiation	ja
lig	DNA-Ligase	nein
polA	DNA Polymerase I	ja
gyrA	Gyrase	ja[2])
ssb	Bindungsprotein	ja

[1]) einige Plasmide (z. B. F keine eigene Primase

[2]) einige Plasmide instabil

Der Aktion der Polymerase III geht die Synthese einer plasmidspezifischen **Primer-RNA** voraus, die sich am *oriV* hybridisiert, Konformationsänderungen hervorruft und den Initiationskomplex (analog zur *dnaA* Funktion des Wirts-Chromosoms) plasmidspezifisch bindet. Solche *oriV* Strukturen der Plasmide müssen einerseits artspezifisch konstruiert sein, andererseits sich gegen „unberechtigten und unzeitgemäßen" Gebrauch schützen können.

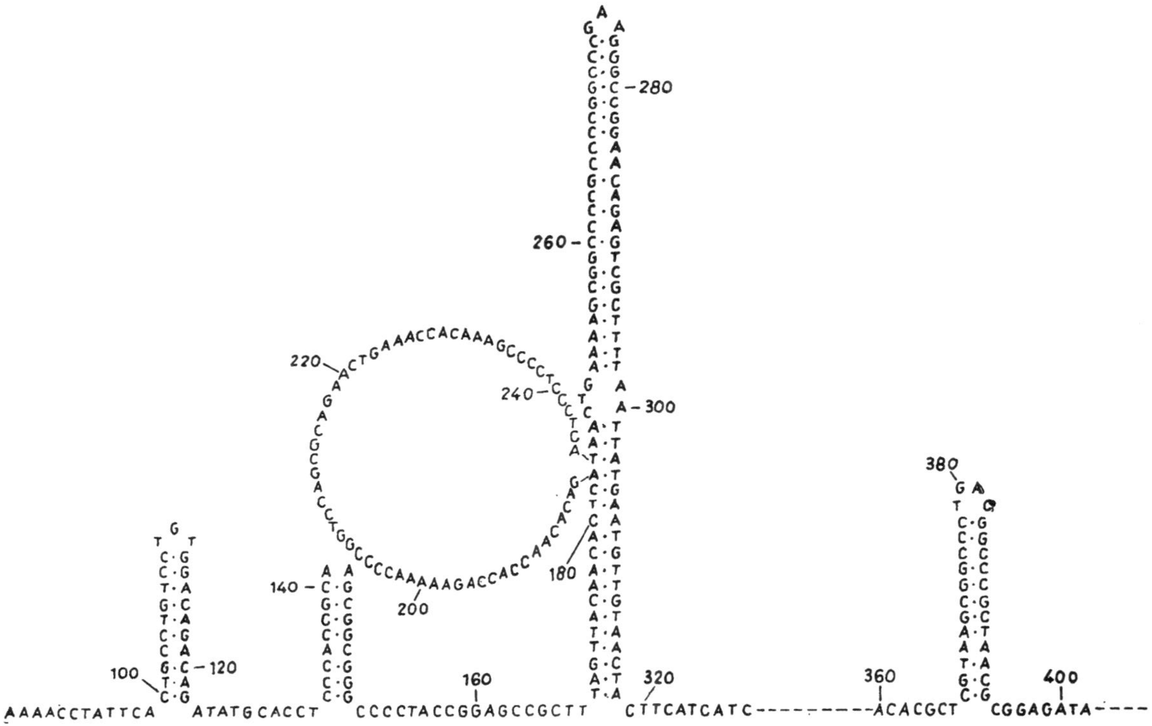

Abb. 12. Sekundärstruktur der *oriV* Region (Startregion zur Replikation) des *FII*-Gruppen Plasmids R6 (nach Armstrong et al. 1981; in Levy, Clowes, Koening (eds.) 1981).

Das wird sowohl durch sehr spezifische Sekundärstrukturen der DNA Sequenz im Bereich des *oriV* (Abb. 12, 13) erreicht, als auch durch eine besondere Kaskade von Regulationsereignissen (Abb. 14—16) garantiert, die für einen abgestimmten Replikationsverlauf des Plasmids mit dem Zellzyklus des Wirtsbakteriums

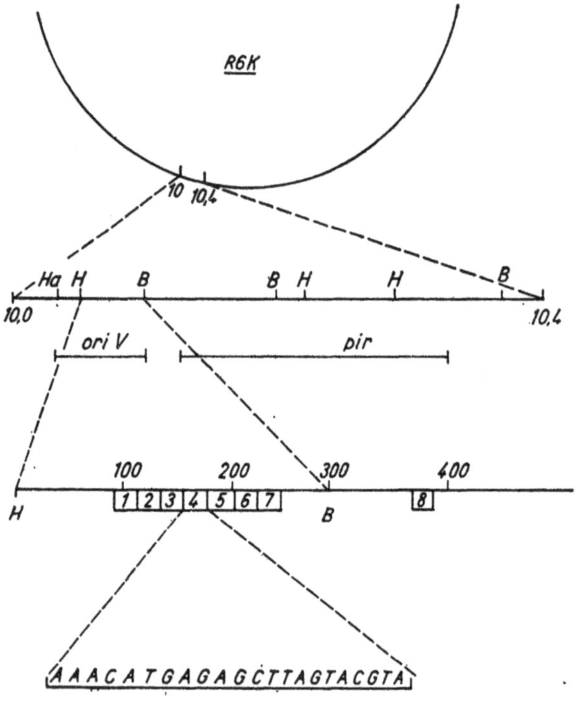

Abb. 13. Die Rep-Region (*oriV*/Gamma) des X-Gruppen Plasmids R6K. Die *oriV* Region (Start der Replikation) enthält 7 direkte Wiederholungen von 22 bp. Das Plasmid R6K besitzt drei Startregionen (α, β, γ) der Replikation (vgl. Abb. 6).

sorgen. Die Replikation der Plasmid-DNA durch die Polymerase III erfolgt in sehr kurzer Zeit und nicht mit der chromosomalen DNA Replikation gekoppelt. Auch scheint die neusynthetisierte Kopie an der Polymerase selbst angeheftet zu verbleiben (Membranfraktion?), was zu einer gerichteten Verteilung auf die Tochterzellen führt. Dabei ist eine spezielle Region der Plasmid-DNA essentiell — die *par*-Region — (vgl. Abb. 4), die analog zum Zentromer der Eukaryonten bei der gerichteten Verteilung mitwirkt. Zwischen dem plasmidspezifischen Inzisions/Bindungsprotein (repA-Genprodukt) — dem eigentlichen Replikationsprotein der Plasmide — und dem ebenso plasmidspezifischen nur *cis*-wirksamen *par*-Lokus liegt trotz struktureller Divergenz offenbar eine funktionelle Abstimmung zugrunde, die molekular noch nicht verstanden ist. Damit kann für die Plasmidreplikation ein mitoseähnlicher Verteilungsmodus angenommen werden, der eine gerichtete, nicht zufällige Verteilung der Kopien auf die Tochter-

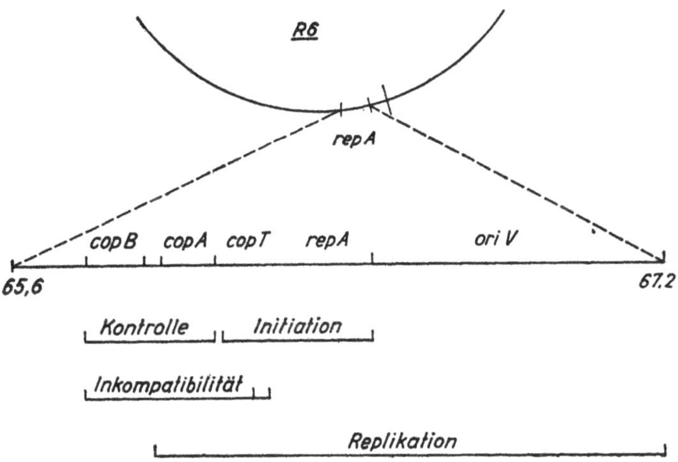

Abb. 14. Die Rep-Region des *FII*-Gruppen Plasmids R6 (vgl. Abb. 4).

zellen garantiert. Daß einige Plasmide, z. B. die *FI* Plasmide, eine zusätzliche spezielle RNA-Kopie als „Verankerung" der Plasmid-Kopie mit dem gefalteten Chromosom verwenden und damit eine zusätzliche „*par*" Funktion aufzeigen, kann die hohe Zellstabilität und Eliminierungsresistenz vieler Plasmide erklären.

Entscheidend für die autonome Replikation der Plasmide ist ihre Fähigkeit, die Replikationsrate (die Kopiezahl) zu kontrollieren und derjenigen der Wirtszelle anzupassen (im Gegensatz zu der Replikation der nicht-temperenten Bakteriophagen), gleichgültig ob es sich dabei um die „primitiven" Plasmide mit sehr hoher Kopiezahl (die „relaxed"-replizierenden Plasmide z. B. vom Typ ColE1) oder um Plasmide mit sehr niedriger Kopiezahl (die „stringent"-replizierenden Plasmide z. B. vom Typ *FII*)

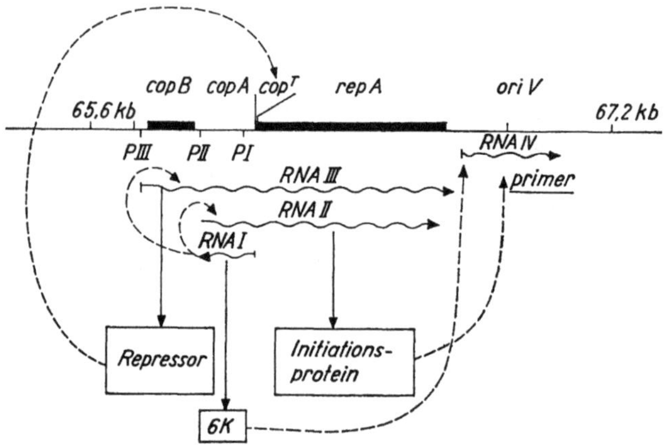

Abb. 15. Schematische Darstellung der Replikationskontrolle beim FII-Gruppen Plasmid R6 (vgl. Abb. 4, 14, Rosen et al. 1982, Light and Molin 1983, Dong et al. 1985)

Die Replikation der FII Plasmide wird durch die Bildung des Initiationsproteins (das Genprodukt von repA) kontrolliert, welches am oriV mit der Primer-RNA (RNA-IV) einen Startkomplex zur Plasmidreplikation bildet, d. h. die Inzision der DNA und deren Bindung an die Polymerase III hervorruft. Die Synthese der mRNA für das Initiationsprotein kann an zwei Promotoren gestartet werden: am Promotor P-III, der wenig, aber konstitutiv eine mRNA (RNA-III) transkribiert und am Promotor P-II, der viel mRNA (RNA-II) transkribiert, die aber unter negativer Kontrolle des vom Gen copB gebildeten Repressors steht (durch Bindung an copT, dem Operator des Gens repA). Zusätzlich wird in umgekehrter Richtung eine kleine mRNA (RNA-I) vom Promotor P-I gelesen, die sich mit der RNA-II, bzw. RNA-III komplementär hybridisieren kann und dadurch deren Translation, d. h. die Bildung des Initiationsproteins verhindert. Da die RNA-I gleichzeitig cis und trans wirksam ist und darüberhinaus in etwa 20facher Kopiezahl vorliegt (offenbar unreguliert), wird über sie eine Inkompatibilität auf andere, verwandte Replikons ausgebildet. Dagegen ist eine Inkompatibilität durch die Wirkung des Repressors in „trans“ nicht besonders ausgeprägt, da der Repressor (ein tetrameres Protein) eine nur schwache Bindungskonstante für copT aufweist. Von der RNA-I kann aber auch ein Protein gelesen werden, ein 6K Protein, welches eine regulatorische Funktion, wahrscheinlich für die Initiation der Primer-RNA-Synthese hat. Offenbar ist eine direkte Abstimmung zwischen der Primer-RNA-Bildung und der Bildung des Initiationsproteins notwendig, da das Initiationsprotein nur „cis“ wirksam sein darf. Das wird wahrscheinlich dadurch erreicht, daß durch Auflösung des RNA-I/RNA-II, bzw. des RNA-I/RNA-III Hybridmoleküls, welches die Translation des Initiationsproteins blockiert, nicht nur die Translation des

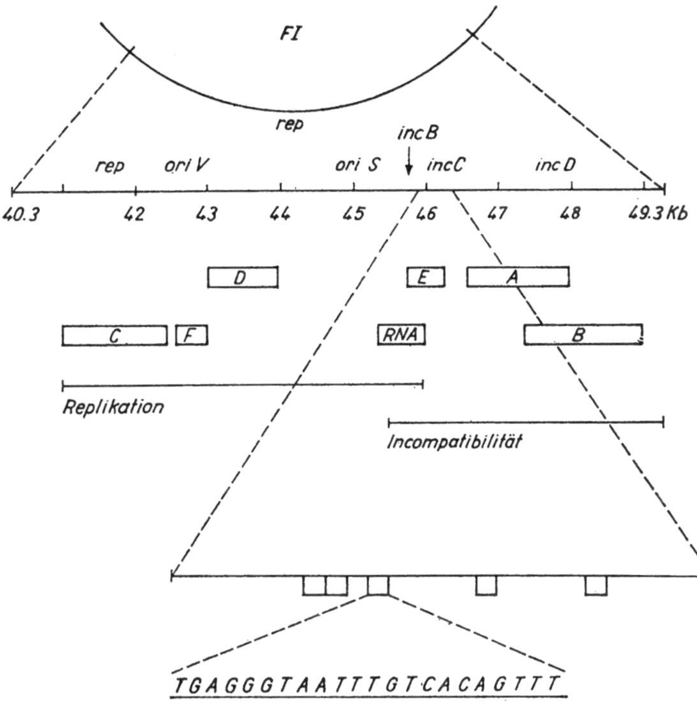

Abb. 16. Die *Rep*-Region des *FI*-Gruppen Plasmids F6 (modifiziert nach KLINE und PALCHAUDHURI 1980; und WEHLMANN und EICHLAUB 1981). Die *Rep*-Region kodiert für vier Proteine, die für die Replikationsinitiation (C, E, D) und für die Kontrolle (RNA, D) sowie für die Verteilung (B) verantwortlich ist. Das Gen-Produkt des Gens incC könnte sowohl für die Initiation als auch für das „partetitioning" verantwortlich sein und damit prinzipiell einen ähnlichen Mechanismus aufweisen wie das *ori V* (Gamma) vom *X*-Gruppen Plasmid R6K.

pro Zelle handelt. Diese **Kopiezahlkontrolle** wird entweder allein durch ein negativ kontrollierendes Repressorsystem oder durch ein zusätzlich damit verbundenes Aktivatorsystem erreicht.

Die Entschlüsselung dieser Kopiekontrolle ist in den letzten

Initiationsproteins möglich, sondern auch das regulative 6K Protein abgelesen wird, welches dann die Primer-RNA Synthese induzieren kann. Dadurch kann das gleichzeitige und nur „cis" wirksame Starten der Plasmidreplikation garantiert werden.

5 Jahren zu einem wesentlichen Punkt der Analyse der autonomen Replikation der Plasmide geworden. Da verschiedene Untersucher verschiedene Plasmidarten als Untersuchungsobjekte wählten (*FI*, *FII*, *X*, ColE1 etc.), sind zum Teil widersprüchliche, weil plasmidartspezifisch unterschiedliche Aspekte, zum Teil gemeinsame Aspekte der Plasmidreplikation herausgestellt worden.

Allen gemeinsam ist, daß entweder eine regulative RNA (Abb. 14, 15) oder aber sich wiederholende spezifische DNA Sequenzen (Abb. **13** und **16**) ein Protein titrieren, welches für die Replikation (Initiation analog zum *dnaA* Protein) der Plasmide essentiell ist, d. h. die Replikationskontrolle wird im Prozeß der Replikations-Initiation durchgeführt.

Dabei wird im Falle der *FII* Plasmide die trans-wirksame **Kontroll-RNA** in die mRNA des Replikationsproteins (*repA*) „eingefaltet" und so ihre Translation blockiert (oder aber in die Primer RNA im Falle der ColE1 Plasmide); im Falle der Plasmide der Gruppen *FI* oder *X* wird das Initiationsprotein für die Replikation autoregulativ hergestellt (Abb. 15, 13) und durch eine Reihe von identischen „repeats" (vgl. Abb. 13, 16) gebunden. Diese identischen Wiederholungen distinkter Nukleotidsequenzen (meistens zwischen 18 und 22 Nukleotide) fungieren sowohl als par-Lokus (wie im Falle der *FI*, und *X* Plasmide) bzw. als *ori V*-Lokus (wie im Falle der *X* Plasmide) als auch für eine quantitativ unterschiedlich starke Bindung des Initiationsproteins. Dadurch entfernen sie das Protein in unterschiedlichen Konzentrationen aus dem „Reaktionsgemisch" und titrieren damit die Initiation der Replikation (Abb. 13, 16).

Aus der Kaskade der Regulation des Initiationsproteins, der Primer-RNA (deren Kontrolle bei den „höheren" Plasmiden weitgehend unbekannt ist) und der Kopiezahl (*copB* vgl. Abb. 15) sowie aus der „cis" und „trans" wirksamen Ausschlußkontrolle von der Anheftung an die Polymerase III (par-Funktion) ergibt sich ein feinabgestimmtes System von plasmidart-spezifischer Replikation und Zellteilung des Wirtsbakteriums.

Unmittelbar mit dem Modus der Replikation, der Verteilung, Stabilität und der Anzahl der Plasmidkopien in einer Zelle ist das Phänomen des Inkompatibilitätsverhaltens von Plasmiden verbunden bzw. es stellt eine phänotypische Konsequenz dieser Prozesse dar. Das Inkompatibilitätsverhalten der Plasmide war schon seit den Anfängen der Plasmidforschung für die Unterscheidung der Plasmide bzw. für deren Klassifikation herangezogen worden. Im Kap. 2 ließ sich darstellen, daß eine unmittelbare

Korrelation von Inkompatibilitätsverhalten und Plasmidart bzw. Nukleotidsequenzhomologie besteht (Tab. 3). Die Inkompatibilitätsreaktion der Plasmide entsteht dadurch, daß verwandte oder gar identische Plasmide nicht stabil in einer Zelle existieren können, weil sie sich in ihrer Replikation und Verteilung auf die jeweiligen Tochterzellen stören, was zum Ausschluß des einen oder anderen Plasmids aus der Zelle führt. Artfremde Plasmide aber sind kompatibel, d. h. sie können in einer Zelle gemeinsam existieren, weil die molekularen Mechanismen der Replikation und Replikationskontrolle einschließlich der Verteilung sich gegenseitig nicht behindern. Da die Replikationskontrolle artspezifisch divergent ist, weist das Phänomen der Kompatibilität phänotypisch auf unähnliche Replikations„maschinen" hin, während das Phänomen der Inkompatibilität gleiche oder verwandte Systeme anzeigt.

So werden z. B. die *X* Plasmide (R6K) durch das Genprodukt des Gens pir in ihrer Replikation initiiert (Abb. 13), welches eine Gensequenz von 7 sich wiederholenden 22 Basenpaaren erkennt. Diese Region ist nicht nur der *oriV* (Gamma) der Replikation, sondern fungiert gleichzeitig für die Verteilung und Inkompatibilität. Die Inkompatibilität kommt offenbar durch Verdrängung gleicher Kopien mit gleicher Spezifität von der Polymerase III zustande. Zusätzlich zur „**Verdrängungsinkompatibilität**" tritt auch noch bei den Plasmiden mit trans-wirksamer Regulations-RNA eine **Replikationsinkompatibilität** durch gegenseitiges Verhindern der Bildung des Initiationskomplexes auf. Ob zusätzlich noch von dieser Regulations-RNA ein kleines regulatives Protein (Effektor) gebildet wird, welches zusätzlich in die Kaskade der Replikationskontrolle einbezogen ist, wird zur Zeit diskutiert.

Diese Replikationsinkompatibilität und die Verdrängungsinkompatibilität können bei einigen Plasmidarten gleichzeitig ausgebildet sein, bei einigen Plasmidarten kann nur eine von beiden vorkommen. Versucht man zwei Plasmide einer Artzugehörigkeit in einer Zelle zu etablieren (Herstellung eines Plasmid-Doppels), so zeigt sich besonders deutlich die Verdrängungsinkompatibilität (auch **Etablierungsinkompatibilität**) durch eine reduzierte Aufnahmerate des Donorplasmids in Bakterien mit dem artgleichen residenten Plasmid, während sich die Replikationsinkompatibilität durch ein schnelles Segregieren des Plasmiddoppels im Prozeß der Zellteilung erweist. So beobachtet man z. B. zwischen Plasmiden der *X* Gruppenzugehörigkeit eine besonders starke Reduktion bei der Etablierung eines Plasmid-Doppels, während *X* Gruppen-Plasmide in Zellen mit residenten Plasmiden anderer Artzugehörigkeiten derartige Schwierigkeiten nicht haben. Im Gegensatz zu einer sehr starken Etablierungsinkompatibilität zeigen Plasmide der *X* Gruppenzugehörigkeit eine nur schwache Segretionsinkompatibilität (Replikationsinkompatibilität) und das Segregieren eines einmal hergestellten „Doppels“ verläuft über eine längere Zeit von Zellteilungsrunden. Wie in Tab. 13 für die *X* Gruppenplasmide dargestellt werden konnte, läßt sich die Regulation der Replikation besonders auf eine „Verdrängung von der Polymerase III“ zurückführen. Diese „Verdrängung“ würde besonders bei der Etablierung eines zweiten *X* Gruppen Plasmids besonders deutlich sichtbar werden. Während sich also *X* Gruppen Plasmide besonders gut über die Etablierungsinkompatibilität charakterisieren lassen, sind Plasmide z. B. der *N* Gruppe besonders gut durch die Segregationsinkompatibilität zu typisieren, nicht dagegen mit Hilfe der Etablierungsinkompatibilität. Diese Beobachtungen bedeuten, daß zwar das phänotypische Merkmal „Inkompatibilität“ für alle Plasmide gruppentypisch und speziesanzeigend ist, daß es aber offenbar molekular auf verschiedenen Mechanismen basiert. Auch die konjugative Replikation muß dem Phänomen der Inkompatibilität unterworfen sein, was sich besonders leicht in der Etablierungsinkompatibilität nach konjugativem Transfer des Donorplasmids auf eine Bakterienzelle mit artgleichem Plasmid zeigen läßt (vgl. 3.2.).

3.2. Die infektiöse Vermehrung und Verteilung der Plasmide (die konjugative Replikation)

Die vegetative Replikation der Plasmide, die abgestimmt mit der Zellteilung der Wirtszelle erfolgt und die eine identische Weitergabe der Plasmidkopien von der Mutter- auf die Tochterzelle garantiert, findet ihre Ergänzung und Erweiterung in der konjugativen Replikation. Das Wesen der konjugativen Replikation besteht darin, identische Plasmidkopien bereitzustellen, die nicht auf Tochterzellen, sondern auf fremde Zellen (Rezipientenzellen) nach engem Zell-zu-Zell-Kontakt (**Paarbildung**) zwischen der plasmidhaltigen Donorzelle und einer Rezipientenzelle und durch eine vom Plasmid gebildeten Konjugationspore übertragen werden können. Diese Art einer infektiösen Übertragung von genetischer Information umgeht den Mutter-Tochter-Weg der Vererbung und ermöglicht eine schnelle, „radiale“ Verteilung der Information über die gleichzeitig, nebeneinander existierenden „Mitglieder“ einer bestimmten Bakterienpopulation. Die Paarbildung (mating pair formation – *MPF*) zwischen Donorbakterium und Rezipientenzelle wird durch die vom Plasmid gebildeten Sexpili hervorgerufen (vgl. Tab. 4), was für alle Plasmide der gramnegativen Bakterien zutrifft (Abb. 17); Die Paarbildung

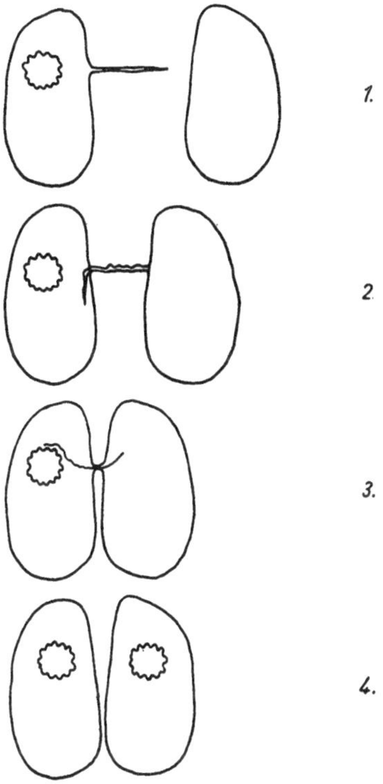

Abb. 17. Schematische Darstellung der konjugativen Übertragung von Plasmiden der Enterobacteriaceae.

1. Donorbakterium bildet durch das Plasmid kodiert einen Sex-Pilus aus.
2. Sex-Pilus nimmt Kontakt mit der Rezipientenzelle auf und zieht diese an. Gleichzeitig wird der Pilus in die Donorzelle zurückgezogen, wodurch zwischen Donor und Rezipient eine „Konjugationspore" entsteht (vgl. Abb. 20).
3. Durch die Konjugationspore wird ein Strang der Plasmid-DNA „hinüberrepliziert".
4. Nach Schließung der Konjugationspore sind Donor- und Rezipientenbakterien mit dem gleichen Plasmid ausgerüstet (vgl. Transfer bei Streptokokken, Abb. 21).

zwischen Donorbakterium und Rezipientenzelle wird bei einigen Vertretern der grampositiven Bakterien (z. B. Streptokokken) durch Sex-Pheromone (clumping inducing agents — *CIA*) hervorgerufen, die von der Rezipientenzelle ausgeschieden werden und spezielle plasmidhaltige Bakterien an die Rezipientenzelle anziehen (verklumpen) (siehe Abb. 21; vgl. 3.2.3.).

Plasmide, die weder Sex-Pili noch Sexpheromone zur Paarbildung verwenden können, sind auf Helferelemente (andere Plasmide, Bakteriophagen vgl. 3.2.2.) angewiesen.

Rein experimentell läßt sich aber auch für grampositive Bakterien (wie *Staph. aureus*, *Staph. epidermidis*, *Streptococcus pyogenes* etc.) nach erzwungener Kollision der Zellen in Mischpopulationen (was man durch Mischen der Population auf Membranfilter erreichen kann) eine Plasmidübertragung beobachten, jedoch ist diese „Übertragung" offenbar nicht replikativer Natur und die spontan entstandenen Zellbrücken lassen nur einen sehr niedrigen, möglicherweise auch nur in vitro vorkommenden Plasmidaustausch zu (vgl. 3.2.5.).

Bei der Plasmidübertragung zwischen gramnegativen Bakterien (zumindest der *Enterobacteriaceae* und der *Pseudomonadalen*) ist stets ein vom Plasmid kontrollierter Sex-Pilus vermittelter polarer Donor-Rezipientenweg eingehalten, der das Plasmid sowohl in identischer Kopie im Rezipienten als auch im Donor bereitstellt (Abb. 17). Dabei unterscheidet man neben dem System der Paarbildung (*MPF* — mating pair formation) das System der konjugativen Replikation (*DTR* — DNA transfer replication). Das *MPF* System, welches die Ausbildung der Sex-Pili strukturell und funktionell und die Rezeption des Pilus an Lipopolysaccharid-Membranprotein Rezeptoren der Zellwand der Rezipientenzellen garantiert, kodiert auch für die Retraktion des Pilus in die Donorzelle, was zur Ausbildung einer vom Pilus und anderen plasmiddeterminierten Genprodukten (vgl. *traD* Produkt) aufgebauten **Konjugationspore** führt (vgl. Abb. 20). Die unterschiedlichen Pilustypen der Plasmidarten sind in Tab. 4 zusammengestellt, eine Komplementation der *MPF* Systeme der verschiedenen Plasmidarten ist nicht möglich.

Die konjugative Replikation der Plasmide (das *DTR* System) beginnt damit, daß das betreffende Plasmid an einer definierten Stelle, dem *oriT* (Anfang für den Transfer), aufgeschnitten und das entstandene 5′ Ende als „Kopf" und das entstandene 3′ Ende als „Schwanz" markiert wird. Diese Markierung entsteht durch die feste Bindung jeweils eines Teiles des Inzisionsproteins und verhindert die Schließung durch eine Ligase. Gleichzeitig bindet sich der 5′ „Kopf“ und das 3′ Ende an die Membrananheftungs-Stellen. Die *ocDNA* des Plasmids wird durch die gemeinsame Aktion von Gyrase und plasmiddeterminierter Helikase entdrillt, in Einzelstränge zerlegt und gleichzeitig an jeweils verschiedenen Replikationspunkten an der Konjugationspore verdoppelt. Diese replikative Verdopplung beider entdrillter Einzelstränge bedingt, daß sowohl eine Replikation im Donorbakterium (*DCDS* — donor complementary DNA Synthesis, Verdopplung des verbliebenen Stranges) und eine gleichzeitig stattfindende Replikation im Rezipientenbakterium (recipient complementary DNA synthesis — *RCDS*; Verdopplung des transferierten Stranges) vorkommt. Dieses „Hindurchreplizieren“ des zu transferierenden Stranges, der durch seine Kopf-Schwanz-Polarität „markiert“ ist und daher nur unidirektionell die Konjugationspore passieren kann, ermöglicht es, daß zwar ein Plasmid-DNA Einzelstrang vom Donor auf den Rezipienten übertragen wird, daß dieser aber nur einen sehr kurzen Augenblick tatsächlich als Einzelstrang vorliegen muß. Sowohl die Donor-DNA Synthese (*DCDS*) als auch die Rezipienten-DNA Synthese (*RCDS*) wird von der Polymerase III vorgenommen, was für die *DCDS* leicht verständlich ist, da der komplementäre Strang von 5′ zu 3′ nach DNA-Primerbildung direkt ersetzt werden kann (vgl. Abb. 20). Für den zu übertragenden Strang, der sich mit dem 5′ „Kopf“ an der Konjugationspore angeheftet hat, muß der jeweils komplementäre Strang durch die Polymerase III angestückelt werden, was eine besondere DNA-Einzelstrang-Bindung (*SSB*-Protein) an die Polymerase III und eine vielfältige RNA-Primer Bildung (Primase) bedarf. Beide Vorgänge determinieren viele Plasmide selbst. Es ist interessant, daß diese Proteine (Primase, SSB-Protein) bereits im Donor hergestellt und angeheftet mit dem DNA Einzelstrang in die Konjugationspore transportiert werden. Diese Plasmidprodukte unterscheiden sich zwar strukturell untereinander und von den jeweiligen Produkten des *E. coli*-Chromosomos (vgl. Tab. 7, *ssb*, *dnaB*, *dnaG*), zeigen aber weitgehende funktionelle Komplementationen. Plasmide mit solchen Primase-Determinanten bzw. SSB-Determinanten vergrößern damit ihr **Wirtsspektrum**, welches sie auf konjugativem Wege erreichen können. So bilden z. B. die ubiquitär vorkommenden Plasmide der Gruppen *I1*, *W*, *N*, *P*, *M*, *C* oder *B* derartige Primasen aus, was ihr häufiges Vorkommen in zahlreichen Arten der gramnegativen Bakterien erklären kann.

Mutiert man dagegen die betreffenden Gene für die Ausbildung der Primase, so ist ihr Wirtsbereich mit Hilfe der Konjugation empfindlich eingeschränkt.

Liegt der transferierte und gleichzeitig verdoppelte Strang der Plasmid-DNA im Rezipienten vor, so erfolgt dessen Zirkularisierung durch Verbindung vom 5' „Kopf" Protein mit dem 3' „Schwanz" Protein, was molekular offenbar in umgekehrter Folge geschehen kann, wie die Trennung der beiden Teile bei der Inzision am *oriT*. Da es sich hierbei um ein Wiederzusammenfügen eines Proteinkomplexes handelt, ist die Zirkularisierungsspezifität einer integren Plasmideinheit auch ohne Homologierekombination gesichert.

Nach der Zirkularisierung der transferierten DNA werden die Primer-Sequenzen durch die Polymerase I entfernt. Durch die DNA-Gyrase wird die Plasmid-DNA in die Form getwistet, welche für die Transkription und für die Initiation der vegetativen Replikation nötig ist. Die anschließende vegetative Replikation der übertragenen Plasmid-DNA stellt die plasmidspezifische Kopieanzahl her.

Diese konjugative Replikation erfolgt in nur wenigen Minuten, was zur Folge hat, daß innerhalb einer nur kurzen Zeit eine anfangs plasmidfreie Bakterienpopulation mit dem konjugativen Plasmid „durchinfiziert" ist. Dabei macht die konjugative Replikation nicht vor Art-, Gattungs- oder Familiengrenzen halt, sondern eine Übertragung der Plasmide auf diesem Wege ist prinzipiell zwischen allen Bakterien der gramnegativen Gruppe möglich (Abb. 18). Eine konjugative Übertragung von Plasmiden der gramnegativen Bakterien auf solche der grampositiven und umgekehrt ist nicht möglich. Offenbar liegt zwischen diesen beiden Gruppen von Bakterien, die sich auch evolutionär total unterscheiden, eine besondere genetische Grenze vor, die nicht überschritten werden kann.

Auch die divergenten Plasmidarten der grampositiven wie der gramnegativen Bakterien spiegeln diese evolutionäre Eigenständigkeit wider. Plasmide der grampositiven Bakterien besitzen meistens nicht die Fähigkeit zur autonomen, konjugativen Replikation, die zusätzlich zur vegetativen Replikation von Plasmiden kodiert werden kann. Das stimmt mit ihren generell geringeren Molekulargewichten überein (vgl. Tab. 5) und ihrer „Anpassung" an Helferelemente (Bakteriophagen), die für ihre Verbreitung sorgen (vgl. 3.2.3.). Deshalb kann man sagen, daß grampositive und gramnegative Bakterien nicht nur eine eigenständige phylogenetische Entwicklung genommen haben (vgl. Zellwand, biochemische Leistungen), sondern sie brachten jeweils getrennt ihr eigenes Plasmidprinzip hervor. In diesem Zusammenhang ist ein Vergleich zu den Plasmiden der Archaebakterien interessant. Archeabakterien besitzen zahlreiche, molekular nachzuweisende Plasmide, die einen extrem hohen Anteil an „repititiven" Sequenzen aufweisen (vgl. 3.3.), was Plasmide der gramnegativen und grampositiven in diesem Ausmaße nicht zeigen.

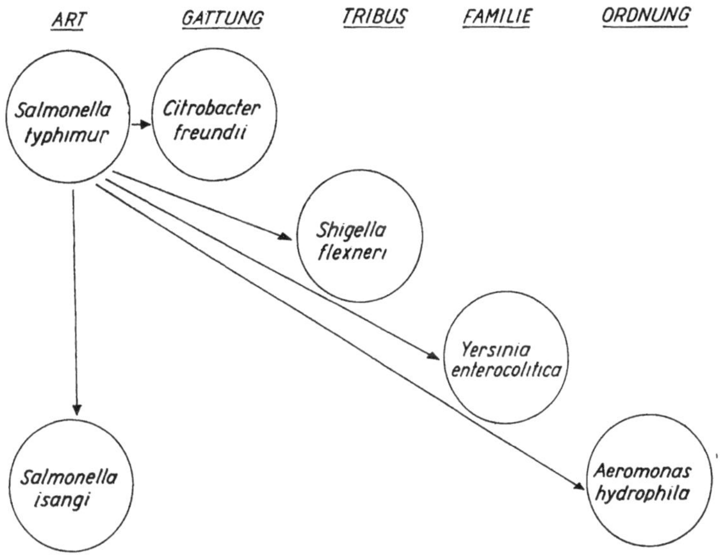

Abb. 18. Schematische Darstellung der konjugativen Übertragung von Plasmiden über Art-, Gattungs- und Familiengrenzen hinweg.

Für diese Bakteriengruppe sind konjugative Plasmide bisher nicht beobachtet worden, obwohl man aufgrund ihrer Molekulargewichte zwischen 50 und 100 Md dieses erwarten würde. Auch ist ein Transfer von Plasmiden aus grampositiven oder gramnegativen Bakterien auf Mitglieder der Archaebakterien bisher nicht gelungen. Da die konjugative Replikation wie auch die vegetative Replikation von zahlreichen äußeren physikalischen Faktoren abhängt (Temperatur, pH, O_2-Konzentration, Energiestoffwechsel) kann die Übertragung von Plasmid-DNA konditionell sehr von der betreffenden Plasmidart verschieden sein. Manche Plasmide werden bei Temperaturen von 25° besser übertragen als bei 37°C (z. B. die *H1* oder *H2*), manche Plasmide benötigen epimerse und nicht submerse Konjugationsbedingungen (z. B. N, M, W, U etc. Gruppen), manche Plasmide (z. B. *FI*, *FII*) benötigen strikte optimale O_2-Bedingungen, andere Plasmide können auch unter anaeroben Verhältnissen übertragen werden (z. B. *P*) (vgl. Kap. 5). Eine Übertragung von Plasmiden der gramnegativen Anaerobier (z. B. *Bacteroides fragilis*) auf aerobe gramnegative Bakterien (z. B. *E. coli*) und umgekehrt ist experimentell gezeigt worden, jedoch erfolgt eine solche Übertragung in vivo offenbar nur sehr selten und mit nur einer sehr geringen Frequenz, so daß man auch für diese Bakteriengruppe mit einem eigenen Plasmidspezies-Aufkommen rechnen muß. Eine systematische Untersuchung und eine ausführliche genetische Bearbeitung von Plasmiden der Anaerobier steht bisher noch aus.

Die prinzipiellen Schritte der konjugativen Replikation, die für die Übertragung der Plasmide notwendig sind, sollten der Plasmidspezies-Konzeption gemäß für die verschiedenen Plasmidarten zwar phänotypisch gleich, jedoch in den einzelnen, molekularen Vorgängen und Strukturen artspezifisch divergent sein. Bisher sind diese jedoch für die verschiedenen Plasmidarten bis auf wenige Untersuchungen und bis auf die teils detailierten Kenntnisse für den konjugativen Transfer der *FI*, *FII* (Kap. 2.3.1.) *I1*, *N* und *P* Plasmide nicht bekannt (vgl. Abb. 5, 7). Man kann jedoch annehmen, daß etwa 1/3 bis 2/4 der artspezifischen gemeinsamen DNA Sequenz einer jeweiligen Plasmidart für diese Prozesse benötigt werden. Dabei sind die Determinanten für die beiden Funktionseinheiten *MPF* und *DTR* zu unterscheiden, der MPF-Bereich, der für die Paarbildung kodiert und der DTR-Bereich, der für die konjugative Replikation der DNA zuständig ist. Die Paarbildung, die als Voraussetzung für die Bildung der Konjugationspore gilt, wird durch die artspezifisch verschiedenen Sexpili (Tab. 4) realisiert. Diese molekular und serologisch verschiedenen Proteinanhängsel der Zellwand fungieren als Attraktionsorgane der Donorbakterien (und nicht — wie man früher glaubte — als Konjugationsbrücken, durch die die transferierte Einzelstrang DNA hindurchwandert). Ihre Struktur und Funktion (Attraktion, Retraktion und Bildung der Konjugationspore)wird ausschließlich durch die Gene des *MPF*-Bereichs kodiert (vgl. Tab. 8), welche für einige Plasmidarten erstaunlicherweise gleich sind. Diese Plasmide wie die *FI* und *FII*, die *I1* und *I2*, und die *W1*, *W2* und *W3* (etc., vgl. Tab. 5) bilden offensichtlich jeweils die gleichen Sex-Pili

Tabelle 8

Gene und Genprodukte der Tra-Region des FI-Gruppen-Plasmids F6 (vgl. Abb. 19)

Tra-Gen	Größe in kb	Genprodukt Größe × 1000	Lage	Funktion
M	0,3	13–14	Im	plasmidspezifische Inition der DNA-Synthese
J	0,6	23–25	OM	Regulator (positiver Aktivator)
Y	0,4	16	CE	plasmidspezifische Endonuklease, Initiation
A	0,3	14	OM	Pilin, Strukturgen
L	0,2	11	OM	Paarbildung, Pilisynthese
E	0,4	19	IM	Paarbildung, Pilisynthese
K	0,6	24	OM	Paarbildung, Pilisynthese
B	1,3	55	OM	Paarbildung, Pilisynthese
P	0,7	24	OM	Paarbildung, Pilisynthese
V	?	?	OM	Paarbildung
W	?	?	OM	Paarbildung
C	2,1	78–85	?	Paarbildung
U	?	?	?	Paarbildung
N	?	?	?	Paarbildung, Stabilisierung
F	0,8	25	CE	Paarbildung, Stabilisierung
H	1,1	40	CE	Paarbildung, Stabilisierung
G	2,8	100–116	IM	Paarbildung und DNA-Transfer
S	0,4	18	IM	Paarbildung, „surface-exclusion"
T	0,9	25	OM	Stabilisierung der Konjugation
D	2,2	77–85	IM/OM	Konjugationspore, Strang-Separierung
I	4,9	174–175	Cy	Konjugationspore, plasmid-spezifische DNA-Synthese
Z	2,1	79	Cy	Endonuklease, Relaxation-Protein Kopf-Schwanz-Protein für den DNA-Transfer

aus, besitzen also das gleiche MPF-System. Sie stellen aber keine simplen Kombinationen unterschiedlicher vegetativer Replikationsmaschinen (*Rep*-Bereich) mit gleichem Transferbereich dar, da sowohl ihre *oriT* Sequenzen als auch die Gene des *DTR*-Systems nicht identisch sind. Diese Gene des *DTR*-Systems, die die Initation (*oriT*) und Durchführung der konjugativen Replikation (des *DCDS* und des *RCDS*) realisieren (die Gene *MYDIZ* z. B. für die *FI* Plasmide), unterscheiden sich strukturell und funktionell (keine Hybridisierung, keine Transkomplementation). Da auch zwischen dem *MPF* und dem *DTR*-System der Plasmiden eine funktionelle und auch strukturelle Koordination besteht (vgl. Abb. 19 für die F-Plasmide), darf man eine einfache „en-bloque" Kombination von *Rep/Inc*- und *Tra* Systemen nicht für das Zustandekommen unterschiedlicher Plasmid Spezies annehmen (vgl. dazu Kap. 2). Überträgt man konjugativ Plasmide auf solche Rezipientenzellen, die bereits Plasmide enthalten — das dürfte die unter natürlichen Bedingungen häufigste Situation

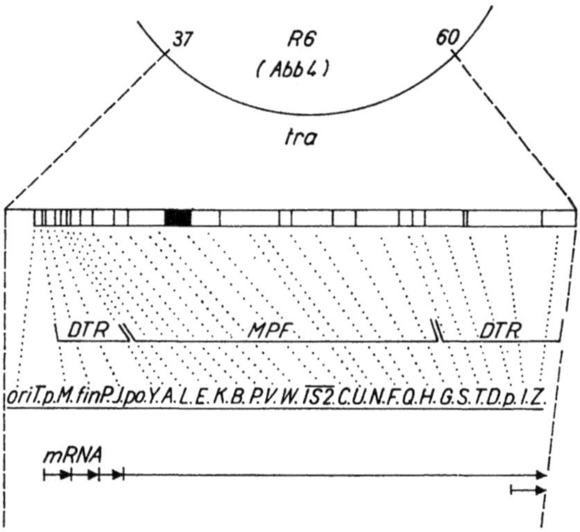

Abb. 19. Der Tra Bereich des *FII*-Gruppen Plasmids R6 (modifiziert nach ACHTMANN et al. 1978).
Der *Tra* Bereich besteht aus drei Transkriptionseinheiten, die durch die Promotoren p^{M}, po^{J} und p^{IZ} gekennzeichnet sind.
Da der Promotor p^{IZ} sehr schwach ist, wird die Transkription der Gene *I* und *Z* (verantwortlich für Schritte der konjugativen Replikation; siehe Tab. 8) meist vom po^{J} „übernommen".

darstellen — so beobachtet man, daß identische Plasmide (Angehörige der gleichen Art) sich gegenseitig an der Etablierung stören (vgl. Etablierungsinkompatibilität Kap. 2), daß aber Plasmide unterschiedlicher Artzugehörigkeiten sich in der Aufnahme fördern. Diese molekular bisher unverstandenen Phänomene führen dazu, daß die Rezipienten-Kompetenz einer Bakterienpopulation um so größer wird, je mehr heterologe Plasmide in ihr verbreitet sind. Diese erhöhte Rezipientenkompetenz der

Population fördert die Zirkulation von Plasmiden (Kap. 5) und unterstützt den bausteinartig zusammengesetzten Charakter des bakteriellen Genotyps.

3.2.1. Das Konjugationssystem der F Plasmide (FI, FII, FIV)

Die genetische Kontrolle der beiden Vorgänge „Paarbildung" (*MPF*) und „konjugative Replikation" (DTR) ist für die *FI* und die *FII* Plasmide bisher am detailiertesten untersucht worden. Alle F Plasmide besitzen dafür eine Operonstruktur, die mehr als 20 Gene umfaßt und damit als größtes Operon der Bakterien bezeichnet werden kann (Abb. 19). Für das Zustandekommen der Paarbildung sind die *Tra*-Gene *A*, *L*, *E* etc. bis *F*, *H*, *G* zuständig (Abb. 19, Tab. 8), wobei das Gen *A* die Hauptkomponente des Pilus, das Pilin, kodiert (Tab. 8). Das Pilin ist ein Phosphorzucker-Protein, welches sich in vielfachen Wiederholungen zum helikal strukturierten Pilus polymerisiert. Dieser ist für die F Plasmide (vgl. Tab. 4) 80 Å dick und weist einen Kanal von 20 Å auf. Die genaue Aufgabe der anderen tra-Gene für die Funktion und Struktur ist noch nicht bekannt. Die Gene *G* und *N* werden sowohl für die Paarbildung als auch für die konjugative Replikation (Transfer) benötigt, sie dürften direkt am Zustandekommen der Konjugationspore beteiligt sein (Tab. 8, Abb. 19). Die *Tra*-Gene *M*, *Y*, *D*, *I*, *Z* kontrollieren die konjugative Replikation selbst, wobei *Y* und *Z* den Initationskomplex (Endonuklease Kopf-Schwanz-Protein), das *traD* einen wichtigen Anteil der Konjugationspore, das *traI* Genprodukt die Helikase zum Enttwisten der *oc*DNA für den Einzelstrangtransfer und das *traM* Genprodukt für die Bindung der Polymerase zur konjugativen Replikation kodiert. Die Gene *traS* und *traT* stellen äußere Membranproteine dar, die eine Verankerung von Pili der gleichen Spezifität verhindern (Ausschluß von der Konjugation, Surface exclusion). Vom Standpunkt der Plasmidspezies-Konzeption ist es wichtig, daß zwar die Gene für die Paarbildung zwischen den F Plasmiden (*FI*, *FII*, *FIV* etc.) offenbar identisch sind, was sich durch einen hohen Grad an Polynukleotidsequenzhomologie zeigen läßt, daß aber die Gene des DTR-Systems, die *tra*-Gene *M*, *Y*, *I*, *Z* einschließlich des *oriT* sich zwischen *FI* und *FII* Plasmiden erheblich strukturell unterscheiden, so daß weder eine Komplementation noch eine Sequenzhomologie zwischen Plasmidvertretern der *FI* auf der einen Seite und Vertretern der *FII* auf der anderen

Seite zu verzeichnen ist. Dabei sind alle Plasmide der *FI* erwartungsgemäß auch in diesen Genen komplementierbar, alle *FII* Plasmide untereinander ebenfalls (ein geringer Unterschied zwischen R1 und R6 ließ sich feststellen, vgl. dazu Abb. 8).

Der Vorgang der Paarbildung und der konjugativen Replikation stellt sich für die F Plasmide wie folgt dar:
Der positiv wirkende Induktor (das *traJ* Genprodukt), dessen Anwesenheit vom Repressor „*finOP*" reguliert wird, induziert die mRNA Synthese an den Promotoren *M* (p^M) und *Y* (po^Y; vgl. Abb. 19), wodurch der Sexpilus (*MPF* System) hergestellt wird. Der Sex-Pilus erkennt auf der Rezipientenzelloberfläche bestimmte Verankerungsstellen (Rezeptoren), deren Existenz offenbar mit der Kompetenz der Rezipientenkultur übereinstimmt und etwa für 30% einer solchen Population zutrifft. Die Rezeptoren der F-Pili sind bestimmte Komplexe aus *LPS* und *OMP* an der Zelloberfläche. Nach der Pilusverankerung am Rezeptor des Rezipienten kommt es zum Zurückziehen des Pilus in die Donorzelle (Abb. 17), wobei die Rezipientenzelle an die Donorzelle herangezogen wird (dabei scheinen die Gene *traH* und *traG* beteiligt zu sein). Gleichzeitig kommt es zur Initiation des DNA Replikations-/Transfermetabolismus (*DTR*) und zur Überführung der Paarbildung in einen stabilen Zell-zu-Zell-Kontakt. Der stabile Zell-zu-Zell-Kontakt wird durch eine Konjugationspore garantiert, für die das *traD* Protein essentiell ist (Abb. 20). Der Beginn der Transfer-Replikation erfolgt durch die Öffnung des Doppelstrangs am *oriT*, was vom komplexen Initiationsprotein der Gene *traY* und *traZ* hervorgerufen wird. Dieses Komplexprotein stellt eine Endonuklease mit sehr hoher Strang- und Sequenzspezifität dar, die am *oriT* ein 5′ und ein 3′ Ende freilegt, sich jeweils mit diesen als 5′ Kopf und 3′ Schwanz (Kopf-Schwanz-Protein) verbindet, gleichzeitig die Anheftung der DNA in der Konjugationspore bewirkt (Abb. 20). Während der so markierte, mit einer Kopf-Schwanz-Polarität versehene Einzelstrang durch die Aktion einer plasmidspezifischen Helikase (*traI* Genprodukt) in Zusammenarbeit mit der Wirts-Gyrase „vom Doppelstrang abgelöst" wird und durch die Konjugationspore „geschlauft" wird, erfolgt die Ergänzungssynthese im Donor (*DCDS*) direkt durch die Polymerase III durch Verlängerung des freien 3′ Endes, während gleichzeitig der in die Konjugationspore gelangte transferierte Einzelstrang durch Primerbildung und Polymerase III jeweils stückweise verdoppelt wird. Da sowohl der 5′ „Kopf" des transferierten Stranges durch einen Teil des *traYZ* Genproduk-

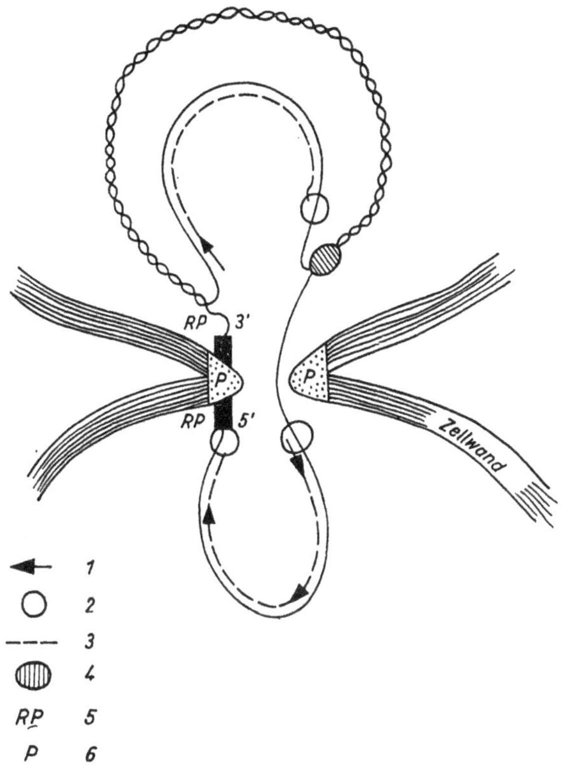

Abb. 20. Schematische Darstellung des konjugativen Transfers durch die Konjugationspore für das Plasmid F6(*FI*) in *E. coli* K12 (modifiziert nach Willetts und Wilkins 1984).

1. Primer, Start der Strangverdopplung durch die Polymerase III
2. Polymerase III
3. neu-synthetisierte DNA, komplementärer Strang zum transferierten Einzelstrang bzw. komplementärer Strang zum verbliebenen Einzelstrang
4. Helikase, Gyrase; beide Enzyme entdrillen die Doppelhelix und trennen die Einzelstränge
5. RP – Relaxation Protein. Das Relaxation Protein fungiert als „Kopf-Schwanz-Protein“ für den transferierten Einzelstrang, schützt diesen vor Exonukleasen und bindet ihn gleichzeitig an die Polymerase III bzw. an die Membrananheftungsstelle.
6. Konjugationspore. (Zum Aufbau der Konjugationspore siehe Tab. 8).

tes vor nukleolytischem Abbau geschützt ist als auch das 3′ Ende desselben Stranges durch einen anderen Teil desselben Produktes vor Primerbildung bewahrt wird, kann der transferierte Strang unidirektionell als „integre“ Plasmideinheit ohne Redundanz übertragen werden (Abb. 20). Diese Beobachtungen sprechen gegen das „rolling circle“ Modell, welches speziell für die Transferreplikation aufgestellt worden ist. Da der Transfer des Stranges selbst nicht von der *DCDS* und der *RCDS* abhängig ist, kann man schließen, daß die F-Plasmide von der Gyrase und Helikase selbst durch die Konjugationspore in die Rezipientenzelle „geschoben“ werden. Ist das gesamte Plasmidmolekül transferiert — am Schluß werden die *Tra*-Gene (vgl. dazu Abb. 4) und das 3′ ständige „Schwanzprotein“ übertragen — so wird die Zirkularisierung der übertragenen verdoppelten F Plasmid-DNA durch Zusammenfügen der beiden Teilproteine am 5′ Kopf und 3′ Schwanz ermöglicht.

F Plasmide sind im Gegensatz zu vielen anderen Plasmidarten vom Primer-Komplex (Primosom) der Wirtszelle zumindest teilweise abhängig (sie sind z. B. *dnaG* aber nicht *dnaB* abhängig, vgl. Tab. 7), bilden aber ein eigenes *SSB*-Protein aus. Ihre hohe Inzidienz in *E. coli* Stämmen könnte damit in Verbindung zu sehen sein. Aus der transferierten F-DNA werden die Primer-RNA Sequenzen (meistens 8—10 Nukleotide) herausgeschnitten und entstandene Lücken durch die Polymerase I wieder versorgt. Danach stellt die Gyrase eine solche Plasmid-DNA Sekundärstruktur her, die für Transkription und vegetative Replikation notwendig ist, was die Etablierung der transferierten F Plasmid-DNA abschließt. Ob molekular an dieser Stelle die unter 3.1. beschriebene Etablierungsinkompatibilität ansetzt oder ob bereits die Anheftung der Polymerase III an den transferierten Strang durch gleichzeitig in der Zelle anwesende verwandte Plasmide verhindert wird, steht noch zu klären aus.

3.2.2. Die Übertragung von Plasmiden durch Helferelemente (andere Plasmide, Bakteriophagen)

Betrachtet man die molekularen Größen der natürlich vorkommenden Plasmide im Zusammenhang mit ihrer Fähigkeit, sich konjugativ zu verbreiten (konjugative Replikation), so stellt man fest, daß Plasmidtypen mit < 20 Md Molekulargewichten nicht zur autonomen konjugativen Übertragung von einer Donorzelle auf Rezipientenzelle befähigt sind. Trotzdem kann man beobachten, daß auch diese kleinen, nicht autotransferablen Plasmide zwischen verschiedenen Bakterienarten verbreitet werden, wenn auch in einer zahlenmäßig nur geringen Häufigkeit. Ursache dafür ist, daß Plasmide oder Bakteriophagen als Helferelemente fungieren können und sie entweder, wie im Falle der Helfer-Plasmide, während deren konjugativer Ausbreitung mitnehmen bzw. mobilisieren (siehe 3.2.2.1.) oder aber sie im Falle der Bakteriophagen im Prozeß der Phagen-DNA Verpackung mit in den Phagenkopf aufnehmen und transduktiv verbreiten (siehe 3.2.2.2.).

3.2.2.1. Die Mobilisierung

Die Mobilisierung von nicht-selbstkonjugativen Plasmiden durch autotransferable Plasmide erfolgt molekular durch zwei grundlegend verschiedene Mechanismen: 1. Es erfolgt eine vorübergehende physikalische Kopplung (Kointegration) des DNA Moleküls des transferablen mit dem nicht-transferablen Plasmid, was über gemeinsame DNA Sequenzen, z. B. IS Elemente oder Transposons (siehe dazu Kapitel 3.3.) rekombinativ abläuft. Diese zeitweise Kointegration beider Moleküle ermöglicht es, daß während des konjugativen Transfers die Mitnahme des nichtselbsttransferablen Plasmides vorkommt.

2. Eine physikalische Kopplung der DNA Moleküle des autotransferablen und des nicht-selbsttransferablen Plasmids ist nicht nötig; es findet eine Komplementation auf der Ebene der *MPF* und der *DTR* statt. Offenbar gibt es eine Reihe von Plasmiden (z. B. das *ColE1* Plasmid), welche ein dem konjugativen Replikationssystem der transferablen Plasmide (*DTR*) vergleichbares analoges System der Replikation kodieren. Dabei scheint lediglich eine dem *oriT* ähnliche oder verwandte Struktur auf dem nicht-selbsttransferablen Plasmid notwendig zu sein, was dann sowohl eine donor-spezifische als auch die rezipienten-spezifische Replikation auslöst. Es ist verwunderlich, daß die plasmidspezifischen DTR-Gene offenbar zur Mobilisierung nicht nötig sind, lediglich die Gene des MPF-Systems. Während Plasmide der Mobilisierungsgruppe 1 (kointegrative Mobilisierung) keine Spezifität zu ihren Helferplasmiden (Transferplasmiden) aufweisen, sind die Plasmide mit komplementativer Mobilisierung nur durch ganz bestimmte Plasmidgruppen, dann aber mit hoher Frequenz zu übertragen (Tab. 9). So kann z. B. das Plasmid *ColE1* durch Transferplasmide der Gruppe *FI* mit hoher Effektivität übertragen werden, durch Transferplasmide der Gruppen *K*, *M*, *C*

Tabelle 9

Mobilisierung von nicht selbst-konjugativen Plasmiden durch Transferplasmide

Transfer-plasmide der Gruppen	nicht selbst-konjugative Plasmide		
	Col E1	Col E2	pIE723
FI	100	0	0,1
I1	70	100	0,1
P	50	0,1	100
W	1	0	0,01
K	0	0	0,01
M	0	0	0,01

Die hohen Werte repräsentieren die Mobilisierung über die Erkennung einer identischen oder ähnlichen „*oriT*-Sequenz" auf dem zu mobilisierenden Plasmid, die niedrigen Werte repräsentieren die Transposon(IS)-vermittelte Mobilisierung (kointegrative Mobilisierung).
Die Plasmide ColE1 und ColE2 wurden mit den Transposon *Tn*1 versehen.
Das Plasmid *pIE*723 ist ein *IncQ*-Plasmid (vgl. Tab. 5, S. 34).

etc. erfolgt praktisch keine Mobilisierung. Andererseits sind Transferplasmide der Gruppe *P* in der Lage, die nicht selbsttransferablen Plasmide der Gruppe *Q* (z. B. *pSF1010*) 100%ig zu übertragen, was Transferplasmide der Gruppen *F*, *K*, *M* etc. nicht vermögen. Die quantitativ nicht sehr hohe Übertragbarkeit von nicht-selbsttransferablen Plasmiden durch zeitweilige physikalische Kopplung mit dem Transferplasmid kann von Plasmid zu Plasmid sehr unterschiedlich sein und hängt mit dem entsprechenden Besatz an IS-Sequenzen zusammen. So können z. B. einige nicht-selbsttransferable Plasmide eine besondere „Tendenz" zur Mobilisierung durch den Besitz eines sehr aktiven IS-Elements aufweisen. Zum Beispiel besitzt das Plasmid *pW14a* eine selbstkointegrierende IS-Sequenz (*IS 140*), die als molekulare Ursache für die zeitweilige Kopplung beider Plasmidmolekülen anzusehen ist. Diese IS-Sequenz „springt" replikativ auf das Transfer-Replikon über (vgl. Transposition 3.2.2.) und führt zu einer zeitweiligen Kointegration. Diese Art der kointegrativen Mobilisierung stellt gewissermaßen einen Spezialfall der Transposition dar (vgl. 3.3.2.), und solche selbst-kointegrierenden Plasmide könnte man als Übergang zwischen autonomen Plasmiden und Transposon auffassen.

3.2.2.2. Die Transduktion

Plasmide können durch Bakteriophagen übertragen, transduziert werden. Bakteriophagen replizieren ihre DNA wie Plasmide auch in Bakterienzellen und parasitieren in wesentlichen Schritten am DNA Metabolismus der Wirtszelle. Im Gegensatz zu den Plasmiden stimulieren die meisten Bakteriophagen den DNA Metabolismus total zu ihren Gunsten um, so daß nur Phagen-DNA hergestellt wird. Offenbar wird von diesem Stopp die Plasmid-DNA Synthese nicht betroffen und einige Bakteriophagen, wie z. B. der P1 Phage, stimulieren und erhöhen noch zusätzlich die Plasmid-DNA Kopienzahl. Vermehrt sich ein Bakteriophage in einer plasmidhaltigen Wirtszelle, so entsteht ein hoch angereicherter „pool" von DNA Sequenzen, der zum großen Teil aus Phagen-DNA, jedoch auch aus Plasmid-DNA Kopien und aus chromosomalen Bruchstücken besteht. Kommt für die Bakteriophagenreifung das Signal zur Hüllproteinbildung (Kopf- und Schwanzproteinbildung), so kondensieren sich die Phagenkopfproteine um jede vorhandene DNA Sequenz, gleichgültig, ob sie chromosomaler oder plasmidaler Natur ist oder ob sie von der Bakteriophagen-DNA herstammt. Es wird jeweils soviel DNA in den Kopf verpackt, bis seine Kapazität erreicht ist. Solche in den Phagenkopf einkondensierte DNA kann daher infektiöse Phagen-DNA oder aber fremde DNA (Plasmid-DNA, chromosomale DNA) darstellen. Da während des Einpackens auch die Information zur Infektion einer Bakterienzelle (Lysozym) mitgegeben wird, können auch Phagenpartikel mit fremder DNA ihre DNA in neue Wirtszellen infizieren. Diesen Vorgang nennt man Transduktion, die dazu befähigten Bakteriophagen „generell transduzierende Phagen" (die speziell transduzierenden Phagen wie *Lambda* sind in der Regel nicht geeignet, Plasmid-DNA zu übertragen).

Da der transduzierende Phage maximal immer nur soviel DNA in seinen Kopf aufnehmen kann, wie sein eigenes Chromosom groß ist, so können meistens nur kleinere Plasmide transduktiv verbreitet werden, z. B. ist der Phage *P22* von *S. typhimurium* in der Lage, DNA Größen von nicht mehr als 30 Md zu übertragen, Plasmide, die größer sind als 30 Md (vgl. Abb. 3) werden zerschnitten bzw. in ihrer Integrität als Art zerstört. Daher ist es verständlich, daß besonders die kleinen Plasmide, die nicht selbsttransferabel sind, leicht und als integrierte Moleküle durch Bakteriophagen verbreitet werden können.

Eine solche Verbreitung von Plasmiden durch Bakteriophagen ist besonders bei den grampositiven Bakterien bekannt, z. B. für Staphylokokken, Streptokokken und Bacillen, die einerseits einen übergroßen Reichtum an Bakteriophagen aufweisen, andererseits Plasmide besitzen, die zum überwiegend großen Anteil Molekulargewichte zwischen nur 3 und 30 Md zeigen.

3.2.3. Sex-Pheromon-induzierte Zellaggregation von grampositiven Bakterien und Plasmidübertragung

Neben der transduktiven Verbreitung der Plasmide kommt bei grampositiven Bakterien ein offenbar plasmidspezifischer und gerichteter Mechanismus der Verbreitung von Plasmiden vor, der zwar bisher nur bei einigen *Streptococcus faecalis*-Stämmen beschrieben wurde, der aber von allgemeinerem Vorkommen sein könnte. Neben der transduktiven Übertragung, der ungerichteten „zufälligen" Plasmidübertragung in Mischkulturen bei spontaner Zellwand-„Verschmelzung" bzw. erzwungener auf Membranfilter, kommt in *S. faecalis*-Stämmen auch noch ein plasmidspezifischer Transfer nach Zellaggregation durch **Sex-Pheromone** vor.

Solche Plasmide weisen eine hohe Übertragungsfrequenz auch ohne Membranfilter auf und werden von den Sex-Pheromonen, die von der Rezipientenzelle ausgeschieden werden, zur Bildung eines „Aggregationsfaktors" veranlaßt (Abb. 21). Die Sex-Pheromone (*CIA* — clumping inducing agents) sind protease-empfindliche, hitzestabile Substanzen (Peptide), die nur plasmidhaltige Zellen und nur solche mit ganz bestimmten Plasmiden zur Verklumpung bringen. Sie induzieren die Bildung des plasmidkodierten Verklumpungsprotein, welches etwa nach 60 Min. auf der Zellwandoberfläche des Donors erscheint und spezielle Rezeptoren auf der Rezipientenzelle erkennt (mit Hilfe des *CIA*). Offenbar induzieren die Sex-Pheromone nicht nur den von speziellen Plasmiden gebildeten Verklumpungsfaktor, sondern sie induzieren offenbar auch den Start einer Art von konjugativer Replikation oder aber den Durchtritt der Plasmid-DNA in die Rezipientenzelle. Interessant ist, daß alle Plasmide, die auf Sex-Pheromone reagieren, über 30 Md groß sind. Hat ein Plasmid die Rezipientenzelle erreicht, so unterdrückt es die Bildung des ihn selbst betreffenden Sex-Pheromons, es läßt aber die Bildung anderer Sex-Pheromone, die andere Plasmide induzieren, ungehindert ablaufen. Ein Rezipientenstamm kann mehrere verschie-

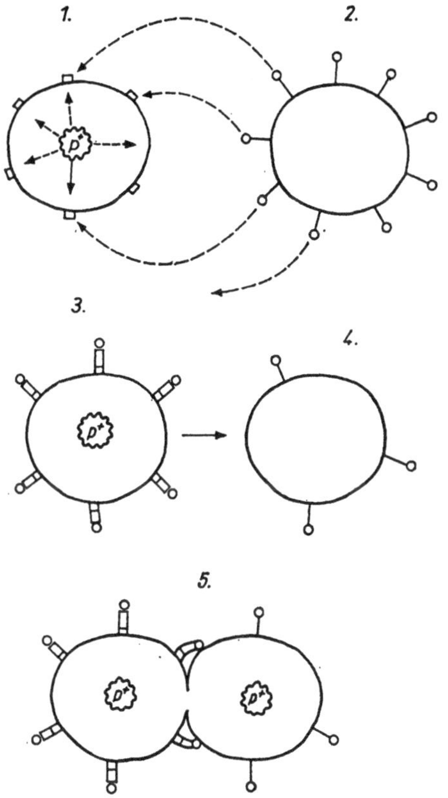

Abb. 21. Ausbildung von plasmidkodierter Pheromonempfindlichkeit (PR) von *Streptococcus faecalis* und Prinzip des Transfers von PR-Plasmiden. (modifiziert nach CLEWEL 1982).

1. Plasmid (p^+) in *S. faecalis* codiert ein Oberflächenantigen (PR)
2. Plasmidfreie Rezipientenzellen scheiden proteaseempfindliche, hitzestabile Proteine aus (clumping inducing agent — CIA)
3. CIA bindet spezifisch an das plasmidkodierte Oberflächenantigen und stimmt die Zelle zur Verklumpung (Anheftung) um
4. Rezipientenzelle
5. Verklumptes Paar von Donor- und Rezipientenzellen, teilweise Verschmelzung und Plasmidübertragung (replikativ?).

dene Sex-Pheromone bilden und damit zur Aggregation mit verschiedenen plasmidhaltigen Bakterien in der Lage sein und sich so verschiedene Plasmidarten mit verschiedenen somatischen Determinanten mosaikartig aufsammeln. Diese Beobachtungen erinnern an die gramnegativen Bakterien, jedoch scheint dieser Mechanismus des „Aufsammelns" verschiedener zusätzlicher genetischer Bausteine bei den grampositiven Bakterien nicht so effizient wie bei den gramnegativen Bakterien zu sein.

Ein weiterer Mechanismus der Plasmidübertragung ist für *Staph.aureus*-Stämme beschrieben worden. Stämme, die mit Bakteriophagen der Serogruppe *B* lysogen sind (entweder im Donor, im Rezipient), können Plasmide in Mischkulturen übertragen, jedoch handelt es sich dabei nicht um eine Transduktion, sondern die Phagen induzieren offenbar eine Zellverklumpung (auch defekte Phagen induzieren den Plasmid-Transfer), ähnlich wie es für die Sex-Pheromone bekannt ist.

Je mehr Bakterien genetisch näher analysiert werden, destomehr ist zu erwarten, daß weitere molekulare Mechanismen bekannt werden, die bewirken, daß Plasmide von einer Donorzelle auf eine Rezipientenzelle transferieren und dabei eine identische Kopie in der Donorzelle zurücklassen.

3.3. Die Kopplungsfähigkeit der Plasmide für heterologe DNA Sequenzen

Als einen weiteren Ausdruck der Lebensweise der Plasmide wird neben der vegetativen und konjugativen Replikation ihre Fähigkeit zur Kopplung heterologer, d. h. nicht plasmidaler DNA Sequenzen angesehen. Erst diese Leistung der Plasmide ermöglicht es ihnen, neben ihrer Zellstabilität, Kompatibilität und infektiösen Übertragung (Transfer), ihrer Rolle als materielle Träger der Genreserven der Bakterien voll gerecht zu werden. Im Gegensatz zu den ersten Untersuchungen über Plasmide in den sechziger Jahren (vgl. Tab. 1 und Einleitung), die einen gewissen Zusammenhang von Plasmidtyp und den von ihnen kodierten bakteriellen Leistungen herausstellten, — z. B. daß Plasmide vom Typ *fi*⁻ nie eine Cm-Resistenz vermitteln könnten — muß man heute feststellen: die Determinierung einer bestimmten bakterienphysiologischen Leistung (vgl. Tab. 11, 13, 14) ist nicht auf eine Plasmidart beschränkt. So zeigen einerseits Plasmide verschiedener Artzugehörigkeiten, wie *B*, *FI*, *FII*, *I1*, *K*, *P* etc. die Ausbildung einer gleichen Leistung, z. B. eine Tetracylinresistenzfunktion, andererseits sind Plasmide einer bestimmten Artzugehörigkeit, z. B. der *FI*-Gruppe, bekannt, die ein Spektrum verschiedener Faktoren kodieren, z. B. für verschiedene Antibiotikaresistenzen (Cm, Sm, Su, Tc, Ap, Km, Tp, Gm etc.), z. T. in einer breiten Mehrfachresistenzkombination; für die Produktion von *LT*-Enterotoxinen, *ST*-Enterotoxinen oder *CFAI*-Adhäsionsfimbrien, für die Bildung einer Serumresistenz oder Eisenmangelresistenz (Aerobactin) u. a. (vgl. dazu Tab. **11**, **13**, **14**, **21**).

Wie ist es genetisch möglich, daß Plasmide so vielfältige divergente genetische Informationen vermitteln können, sind z. B. die FI Plasmide zur besonderen „Aufnahme" fremder, nicht plasmidaler DNA befähigt? Woher stammt diese heterologe DNA und welche Mechanismen der Kointegration (des Zusammenfügens der plasmidalen DNA und der heterologen DNA) sind dafür verantwortlich?

Plasmide sind in der Lage, in das Chromosom ihrer Wirtsbakterien (*E. coli*, *Shigellen*, *Salmonellen*, *Pseudomonaden* etc.) zu integrieren, was ihnen den Terminus „*Episome*" eingebracht hat (Tab. 1). Dazu ist eine besondere Form der integrativen Rekombination notwendig, die sich von der generellen Rekombination (*RecA*-System) — also dem Austausch von Allelen oder anderen mehr oder weniger homologen Sequenzen — unterscheidet. Bei der integrativen Rekombination kommt es zur Addition und damit Kointegration von zwei heterologen DNA Sequenzen — was mit dem **Campbell-Modell** der integrativen Rekombination beschrieben wird (siehe Abb. 22). Diese Rekombination ist vom *Rec*-System der Wirtszelle unabhängig. Plasmide können den integrierten Zustand im Chromosom wieder verlassen (exzisive Rekombination), was in der Regel durch ein präzises wieder „Herausschneiden" des Plasmidmoleküls erfolgt. Allerdings wird beobachtet, daß kleinere Abschnitte des Plasmids im Chromosom verbleiben können (vgl. 3.3.1.), die als hochspezifischer Integrationsort bei einem erneuten integrativen Rekombinationsereignis dienen. In bestimmten Ausnahmefällen jedoch erfolgt das Ausschneiden des Plasmidmoleküls aus dem Chromosom (Exzision) des Wirtsbakteriums nicht genau, so daß dem Integrationsort benachbarte DNA Sequenzen des Chromosoms mit in den extrachromosomalen Zustand genommen werden (Abb. 22). Diese falsche Rekombination (illegitime Rekombination) unterliegt jedoch auch gewissen Gesetzmäßigkeiten, die mit der „*gene pick up*" Hypothese beschrieben werden (Abb. 22; 3.3.1.).

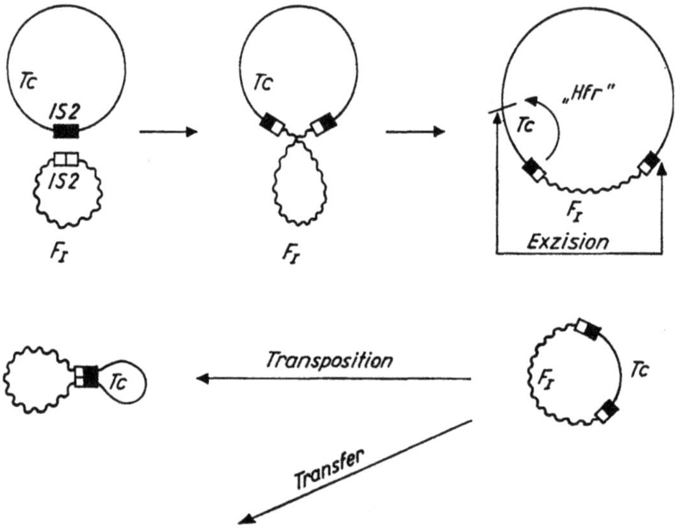

Abb. 22. Modell der integrativen/exzisiven Rekombination eines Plasmides mit einem chromosomal lokalisierten Gen („*gene pick up*" – Hypothese).

1. Das Plasmid integriert über identische IS-Sequenzen in das Chromosom (Campbell-Modell der Integration)
2. Lineare Anordnung des Integrierten Plasmids.
   Durch Exzision an falscher Stelle wird eine benachbarte Region (Tc) mit in den extrachromosomalen Zustand genommen. Dabei kann die benachbarte Region zusätzlich zum Plasmid (additiv) oder als Ersatz für einen bestimmten Teil des Plasmids (substitutiv) assoziiert werden. Das entstandene exzisierte Plasmid trägt ein Stück chromosomaler DNA, die von jeweils direkt wiederholten IS-Elementen flankiert ist (siehe F′ Plasmid Struktur).
3. Das Plasmid kann durch Transfer auf andere Bakterien sich verbreiten. Die entstandene Struktur „*IS-Tc-IS*" kann als Transposon fungieren (Abb. 24).

Da die Integration der Plasmide nicht nur an einer Stelle im Wirtschromosom erfolgt, können verschiedene DNA Sequenzen mit Plasmiden gekoppelt werden. Handelt es sich um solche, die Determinanten mit Selektionsvorteil für andere Bakterienarten unter bestimmten Umweltverhältnissen tragen, z. B. die Tetracyclinresistenzdeterminante (Abb. 22), dann werden solche Plasmidrekombinanten nach Transfer auf sensible Bakterien ausselektiert. Durch ihre konjugative Verbreitungsfähigkeit können immer mehr Bakterien mit unterschiedlichen Artzugehörigkeiten mit den rekombinanten Plasmiden besetzt werden und den gleichen Selektionsvorteil genießen. So sollten z. B. die R Plasmide, die Vir Plasmide, die Deg Plasmide etc. entstanden sein, wenn entsprechende chromosomale Determinanten in den verschiedenen Bakterienwirten ihres „Einzugsbereichs" vorliegen. Für die Richtigkeit dieser Annahme liegen bereits eine Reihe von experimentellen Beweisen vor (vgl. 3.3.1.).

3.3.1. Die „gene pick up" Hypothese

Plasmide vermehren sich in der Regel als extrachromosomale Erbträger autonom, aber korreliert mit der chromosomalen Replikation und werden abgestimmt auf die Tochterzellen verteilt.

Gelegentlich sind sie aber auch in der Lage, in das Chromosom ihrer Wirtsbakterien zu integrieren und linear als „Bestandteil" des Chromosoms vorzuliegen.

Der Einbau der plasmidalen DNA (des Plasmidmoleküls) in die chromosomale DNA erfolgt über bestimmte Erkennungssequenzen, die auf dem Plasmid und offenbar auch im Chromosom vorhanden sind. Als solche Erkennungssequenzen fungieren distinkte DNA Elemente, die als Insertions-Sequenz (**IS-Elemente**) bezeichnet werden. IS-Elemente sind in der Regel zwischen 500 und 2000 bp große DNA Moleküle (Tab. 10), die ihre eigene rekombinative Umlagerung von einer Stelle auf einem Replikon auf eine andere Stelle oder von einem Replikon, z. B. dem Plasmid, auf ein anderes Replikon, z. B. das Chromosom, bestimmen können.

Sie bilden Enzyme (Transposasen, Invertasen), die an genau definierten Enden ihres Moleküls (*IR*, inverted repeats) identische Sequenzen bestimmter Basenpaarfolge erkennen und (vgl. Abb. 24—26) den jeweiligen Einbau in eine bestimmte DNA Sequenz oder den „sauberen" Ausbau garantieren (vgl. 3.3.2.). Solche IS-Elemente sind in allen bisher untersuchten Plasmiden und im Chromosom vieler Bakterienarten identifiziert worden. Sie werden als *IS1*, *IS2*, *IS3* etc. (vgl. Tab. 10) bezeichnet. So enthält z. B. das *FI*-Gruppen-Plasmid F6 die *IS2*, *IS3* und *IS1000* (Tn1000) Elemente, das *FII*-Gruppen-Plasmid R6 die *IS1*, *IS2* und *IS10* Elemente (vgl. Tab. 10; Abb. 4).

Solche IS-Elemente ermöglichen auf zwei molekular verschiedenen Wegen die Integration des Plasmids ins Chromosom:

Tabelle 10
Auswahl verschiedener Insertions-Elemente (IS) und Transposons (Tn) von Plasmiden

Bezeichnung	Größe in kb	IR[1]) in bp	Bedeutung
IS1	0,8	18/13	Flankiert R-Genote von R222, Tn9, Tn1681
IS2	1,3	32/41	transponierbarer Promotor
IS3	1,3	32/38	F-Plasmid Integrationsort
IS4	1,4	16/18	
IS10	1,3	17/22	flankiert Tn10
IS50	1,5	8/9[2])	flankiert Tn5
IS140	0,8	?	verantwortlich für Ko-Integration
Tn1[3])	4,8	38	Amplicilinresistenz
Tn5	5,2	1500 (IS50)	Kanamycinresistenz
Tn7	14,0	28	Trimethoprimresistenz
Tn9	2,5	800 (IS1)	Chloramphenicolresistenz
Tn10	9,3	1300 (IS10)	Tetracyclinresistenz
Tn402	7,5	?	Trimethoprimresistenz
Tn501	9,1	38	Quecksilberchloridresistenz
Tn907	9,0	?	Gentamicinresistenz
Tn951	16,5	100	Lactosespaltung
Tn1681	2,9	800 (IS1)	ST-Enterotoxinbildung
Tn1721	10,8	38	Tetracyclinresistenz
Tn1824	14,0	28	Trimethoprimresistenz
Tn1825	13,4	28	Streptothricinresistenz

[1]) identische bp/Gesamtzahl der bp im IR
[2]) die IR Erkennung für die Transposase beträgt 19 bp
[3]) identisch mit Tn3

Entweder das auf dem Plasmid lokalisierte IS-Element erkennt eine chromosomale Insertionsstelle — eine für das IS-Element brauchbare Basenfolge — und wird dort eingebaut, wodurch die „anhängende" Plasmid-DNA wie beim Prozeß der Transposition (vgl. Abb. 27) mitgenommen wird, oder aber das IS-Element befindet sich bereits im Chromosom, so daß über beide identische IS-Sequenzen eine homologe, aber offenbar vom *Rec*-System der Wirtszelle unabhängige Rekombination stattfinden kann (Abb. 22). Sowohl durch die replikative Übertragung eines IS-Elements von einem Plasmid auf das Chromosom als auch die IS-IS vermittelte homologe Rekombination bedingt den linearen Einbau des gesamten Plasmidmoleküls in der Weise, daß zwischen den Kopplungspunkten Plasmid: :Chromosom jeweils eine identische Kopie des betreffenden IS-Elements in direkter Folge auftritt (Abb. 22). Derartige über IS-Elemente entstandene **Kointegrate** von Plasmiden und ihrem Wirtschromosom können sehr unterschiedlich stabil sein, was offenbar von der Insertionsstelle (Nachbarschaftsbasen) und möglicherweise von einigen nachfolgenden molekularen Umbauten abhängt (vgl. auch 3.3.2. Fixierung von Transposons). Einige der Insertionen können so stabil sein, daß eine Reisolierung des Plasmids nicht mehr gelingt. Solche linear eingebauten Plasmide können entweder von der Replikationsmaschine des Chromosoms repliziert werden oder aber die Replikationsmaschine des Plasmids kann die Replikation des gesamten Wirtschromosoms übernehmen. Wird die konjugative Replikation des integrierten Plasmids angeregt, so kann es das gesamte Chromosom, wenigstens einen beträchtlich großen Abschnitt (45 kb/min) der unmittelbaren Nachbarschaft mit auf entsprechende Rezipientenzellen transferieren. Solche Beobachtungen sind schon seit dem Beginn der Plasmidforschung mit sogenannten *Hfr*-Stämmen von *E. coli* gemacht worden (Tab. 1). *Hfr*-Stämme (*E. coli*-Stämme), die eine besonders hohe Übertragbarkeit von chromosomalen Genen zeigten, wurden als „high frequency of recombination" (*Hfr*) oder als männliche *E. coli*-Stämme bezeichnet; sie sind durch die Integration des Plasmids F6 (Sex-Faktor) entstanden, wobei unterschiedliche IS-Elemente zu unterschiedlichen *Hfr*-Stämmen mit unterschiedlicher Transferspezifität führten. So ist z. B. der international verbreitete *Hfr*-Stamm HfrC durch Integration des F Plasmids im Chromosom über das *IS3* Element entstanden, welches sich ebenfalls im Chromosom an der Position ungefähr 13 min (*purE* Region) der Chromosomenkarte von *E. coli* befindet; oder aber der *Hfr*-Stamm Hfr13, der über das *IS2* Element entstanden ist, welches sich ebenfalls in der Nähe der *lac*-Region (Kartenposition 8,5 Min.) befindet oder dort „hintransponiert" wurde usw. Daß wahrscheinlich alle Plasmide zu solchen Kointegrationen mit dem Wirtschromosom in der Lage sind, ließ sich experimentell sehr einfach demonstrieren: Verwendet man eine temperatursensible Mutante im Replikationsgen des Chromosoms *dnaA* (Tab. 7), welches die Initiation der Replikation am *oriC* des Chromosoms kontrolliert und deshalb bei 40 °C nicht mehr wachsen kann, und überträgt auf diese Mutante Plasmide verschiedener Artzugehörigkeiten, so kann man beobachten, daß diese Mutation durch die Plasmide supprimiert wird. Die Suppression tritt dadurch auf, daß Plasmide ins Chromosom integrieren, ihre eigene vegetative Replikation am *oriV* auch bei 40° starten können und das „anhängende" Chromosomen mitreplizieren. Dieses Phänomen, was als **integrative Suppression** bezeichnet wird, läßt sich praktisch mit allen Plasmiden vorführen (auch mit dem temperenten Bakteriophagen P1). Auf diese Weise hat man sich nicht nur *Hfr*-Stämme mit dem *FI* Plasmid F6 (klassische *Hfr*-Stämme), sondern auch *Hfr*-Stämme mit anderen Plasmiden unterschiedlichster Artzugehörigkeiten herstellen können (*FII*, *N*, *H*, *M*, *C* etc.). Auch konnte man nachweisen, daß eine Insertion der verschiedenen Plasmidarten an sehr unterschiedlichen Stellen des *E. coli* Chromosoms erfolgte, und daß eine integrative Suppression auch mit anderen Bakterienarten identisch wie bei *E. coli* möglich ist, wenn eine entsprechende *dnaA* Mutante vorliegt.

Sowohl von den spontan entstandenen *Hfr*-Stämmen (*HfrC*, *HfrH*, *Hfr13*) als auch von den „künstlich" hergestellten (über integrative Suppression) *Hfr*-Stämmen lassen sich die entsprechenden Plasmide präzis ausgeschnitten bzw. auch ungenau ausgeschnitten durch Transfer auf kontraseelektionierbare Rezipienten wieder re-isolieren. Die präzis ausgeschnittenen Plasmide entsprechen völlig dem Originalplasmid, ungenau ausgeschnittene Plasmide besitzen chromosomale DNA Sequenzen aus der Nachbarschaft des Integrationsortes, die sie entweder zusätzlich (additiv) oder im Austausch gegen plasmidale Sequenzen (substitutiv) erlangt haben. Sie werden als *F'* (F-Prime), *N'* (N-Prime) etc. Plasmide bezeichnet. Die präzise Exzision des Plasmidmoleküls erfolgt analog zur Integration (Champbell Modell) durch Paarung der entsprechenden IS-Elemente und der „Lösung der Kointegration" durch jeweilige Inzision und wechselseitige Reunion der beiden IS-Elemente (vgl. Abb. 22). Danach liegen beide Replikons wieder unverändert vor, in den Fällen jedoch, wo zur Kointegration das IS-Element vom Plasmid ins Chromosom inseriert wurde, verbleibt eine zusätzliche IS-Kopie im Chromosom. Die ungenaue Exzision (illegitime Rekombination) ist molekular nicht genau verstanden. Möglicherweise erkennt eines der IS-Elemente in seiner Nachbarschaft auf dem Chromosom oder auf dem Plasmid einen zusätzlichen Insertionsort, der dann eine zusätzliche Kopierung des Elements bzw. eine zeitweise Verbindung mit dieser Erkennungssequenz bedingt. Liegt eine solche Paarungsstelle auf dem Chromosom, dann kann eine additive Rekombination der flankierten DNA Sequenz erfolgen (Abb. 22). (Für die substitutive illegitime Rekombination muß man einen zusätzlichen Paarungslokus im Chromosom und im Plasmid annehmen). Im Falle des *Hfr*13 Stammes konnte das F'Prime Plasmid F13 durch eine additive Rekombination der Nachbarregion *lac-pro-pur* (Abb. 23) entstehen, was aber durch eine offenbar zusätzliches IS-Element, nämlich das *IS3*, zustande gekommen ist (Abb. 23). Alle solche nicht genau ausgeschnittenen Plasmide (Prime-Plasmide), egal ob substitutiv oder additiv entstanden, ähneln sich in einer strukturellen Art und Weise: an den Übergangsstellen von Plasmid-DNA und chromosomaler

Hfr13 (Kartenausschnitt der Position 7—13 Min. des Chromosoms):

... IS3—lac—IS2—F—IS2—IS3—proC—purE—IS3 ...

F-Prime 13:

lac—IS3—purE—proC—IS3—IS2 (chromosomale Sequenz)
| |
IS2—IS3—Rep—IS3—Tra—oriV (plasmidale Sequenz)

Abb. 23. Ausschnitt aus der Genkarte des *E. coli* Hfr13 Stammes und des von ihm abgeleiteten F-Prime 13 Plasmids
(modifiziert nach SHARP et al. 1972, J. mol. Biol. **71**, 471).

DNA befinden sich jeweils die identischen IS-Sequenzen bewahrt (Abb. 22, 23). Solche experimentell hergestellten Prime-Plasmide mit zugeführter chromosomaler DNA Sequenz aus der Nachbarschaft ihres ehemaligen Integrationsortes ähneln strukturell auffallend den natürlich vorkommenden Plasmiden in ihrer segmentalen Struktur- und Organisationsform (vgl. Abb. 2). So ist für das R Plasmid R6 der Gruppe *FII* (Abb. 2) die heterologe DNA zur Ausbildung der Antibiotikaresistenz einmal über *IS1*-Sequenzen und über *IS10*-Sequenzen mit der *FII* DNA-Sequenz gekoppelt. Dabei fällt auf, daß die *IS1*-Sequenz in direkter Folge und die *IS10*-Sequenz in invertierter Folge an der Verbindungsstelle angeordnet ist. Über die Bedeutung der invertiert oder direkt angeordneten Kopplungssequenzen ist nichts bekannt; Vermutungen, daß die direkt angeordnete Sequenzen zu einer Stabilität des Kointegrats führen, während indirekt angeordnete Sequenzen zu einer besonderen Transposition neigen (siehe 3.3.2.), lassen sich nicht bestätigen. Darüber hinaus besitzen die direkt angeordneten Sequenzen in sich invertierte Basenfolgen an den jeweiligen Enden, so daß eine kleine invertierte Sequenz an den jeweiligen direkten Wiederholungen vorkommt (vgl. Abb. 24).

Liegt nach dem illegitimen Ausschneiden des integrierten Plasmids eine bestimmte von IS-Elementen flankierte chromosomale Sequenz auf dem exzisierten Plasmid gekoppelt vor, so sind alle Voraussetzungen dafür erfüllt, daß eine Weitergabe dieser so konstruierten Sequenz vom Plasmid auf andere Replikons (auf andere Plasmide bzw. zurück ins Chromosom) erfolgen kann.

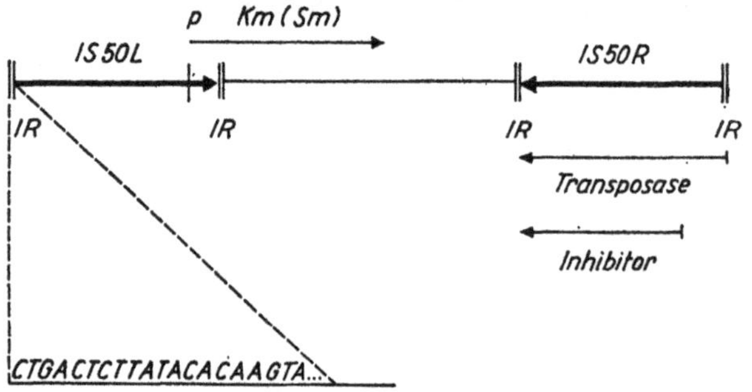

Abb. 24. Schematische Karte des Transposons *Tn5* (modifiziert nach Berg und Berg, 1983, Bio/Technol. 1, 417).
Das Gen Km (APH-3; vgl. Tab. 11) wird von zwei IS 50 Elementen flankiert, die 1534 bp groß sind (der interne Abschnitt ist 2700 bp groß). Beide IS-Elemente werden jeweils von 19 bp, die für die Transpositionserkennung essentiell sind, flankiert, wobei nur die ersten 9 Basen als invertierte Wiederholungen (IR) anzusehen sind. Die Pfeile auf dem *IS50L* (links), bzw. *IS50R* (rechts) zeigen die Inversion der Elemente an.

Dieses Phänomen wird mit dem Begriff Transposition, die beteiligten Elemente als **Transposons** (springende Gene) bezeichnet (3.3.2.). Das bedeutet, daß durch die integrative-exzisive Rekombination der Plasmide mit bestimmten chromosomalen Regionen Transposons (zumindest einer Klasse, vgl. 3.3.2.) entstanden sind, wie man z. B. durch Transposotion der *Lac*-Region von einem F-Prime-Plasmid (F42) auf andere Replikons bzw. zurück ins Chromosom (mit einer Lac-Operon Deletion) zeigen konnte.

Eine Reihe von chromosomalen Genen ist bekannt, die für Funktionen kodieren, die denen der Plasmide gleich oder weitgehend identisch sind, wie z. B. die *SVH*-Lactamase von *Klebsiella pneumoniae*, die Cm-Acetyltransferase von *Proteus mirabilis* oder die Tetracyclinresistenz von *Proteus mirabilis*. *Proteus mirabilis*-Stämme bilden artspezifisch ein besonderes Transportsystem von der inneren und durch die äußere Membran aus, welches zu einer aktiven Ausschleusung der eingedrungenen Tetracyclinmoleküle führt. Dieses hoch-effektive Auspumpen der Tetracyclinmoleküle bewirkt, daß alle *Proteus mirabilis*-Stämme artspezifisch eine Tetracyclinresistenz ausbilden. Überträgt man in einen plasmidfreien Proteus Stamm das *FI* Plasmid F6 und das *N* Plasmid *pIE305*, welche keine heterologe DNA aufweisen (cryptische Transfer-Plasmide), so kann man *F'tet* Plasmide (F-Prime Plasmide mit Tc-Resistenzdeterminanten) jedoch nicht ähnliche Prime-Plasmide vom *N*-Plasmid *pIE305* isolieren. Dieses *F'tet* Plasmid ist auf alle geprüften Bakterienarten übertragbar und vermittelt diesen Wirtsbakterien eine genauso hohe Tetracyclinresistenz wie es die natürlich vorkommenden Plasmide vermögen. Überprüft man die molekulare Natur der Tetracyclinresistenzdeterminanten auf dem *F'tet* Plasmid, so stellt man fest, daß sie (entsprechend der „*gene pick up*“ Hypothese) als Transposon organisiert vorliegt (*Tn1827*). Dieses Transposon ist mit den bekannten *Tc*-Transposons (*Tn10, Tn1822, Tn1721*) nicht identisch, es ist offenbar durch die integrative-exzisive Rekombination des F Plasmids mit der betreffenden chromosomalen Region entstanden. Daß es sich nicht um ein bereits im *Proteus*-Chromosom befindliches Transposon handelt, geht aus der Tatsache hervor, daß die gleichfalls geprüften *N* Plasmide nicht zur *N'tet* Rekombination (zum *Tc*- „*gene pick up*“) in der Lage waren. Offenbar besitzen diese *N* Plasmide solche Insertionselemente, denen eine Spezifität für die *Tc*-Region des *Proteus*-Chromosoms fehlt. Mit Hilfe der integrativen Suppression ließ sich für das *N*-Plasmid *pIE305* in *E. coli* zeigen, daß es sowohl zur Prime-Bildung (*N'arg* Plasmide) als auch zur Aufnahme des einmal entstandenen Transposons *Tn1827* in der Lage ist. Solche „*gene pick up*“ Prozesse sollten in verschiedenen Bakterienarten an verschiedenen Stellen der betreffenden Chromosomen erfolgen, so daß man die breite Palette der verschiedenen Determinanten für Genreserven der Bakterien verstehen kann. Allerdings muß auch noch auf zwei weitere Möglichkeiten der Entstehung heterologer DNA auf Plasmiden hingewiesen werden: Es ist nicht auszuschließen, daß durch Migration der IS-Elemente entlang dem Chromosom zufällig zwei identische Kopien ein betreffendes Gen flankieren, z. B., daß zwischen zwei IS1-Elemente das Gen für den Raffinoseabbau (vgl. Kap. 4 und Abb. 35) gerät, wodurch eine exzisive Rekombination des raf-Genes möglich wird. Diese geht entweder verloren (Deletion), weil dieses Stück DNA nicht zur autonomen Replikation befähigt ist, oder aber es kann von einem anderen Replikon transpositiv übernommen werden. Eine andere Möglichkeit des Auftretens von heterologen DNA Sequenzen auf Plasmiden wird mit Beobachtungen über die strukturellen Besonderheiten einer Reihe von Transposons (*Tn1*, *Tn501*, *Tn1721*, *Tn7*, *Tn1825*; siehe Tab. 9) nahegelegt. Wie in 3.3.2. ausführlich geschildert wird, kann diese Klasse von Transposons nicht über den „*gene pick up*" Weg entstanden sein, sondern muß durch eine molekular bisher nicht verstandene Art und Weise mit Hilfe von „Mini-inserts" in das IS-Element selbst komponiert worden sein.

Daß einmal entstandene, über Plasmide aus den Chromosomen herausgeschnittene, DNA Sequenzen als Transposons auch wieder sekundär in das Wirtschromosom bestimmter Bakterien zurückgelangen und dort zu einem klon-spezifischen Anteil werden können, zeigen die Untersuchungen zur Struktur der Gene für die Enterotoxinbildung von *Vibrio cholerae* und die Gene für die Hämolysinbildung von uropathogenen *E. coli*-Stämmen.

3.3.2. *Struktur und Eigenschaften der Transposons*

Transposons sind Strukturelemente der Plasmide, die zwar nicht zur eigentlichen Plasmidgenote (Plasmidart) gehören, jedoch der „*gene pick up*" Hypothese zufolge durch besondere Rekombinationsprozesse zwischen dem Plasmid und dem Wirtschromosom entstanden sein könnten. Eine große Vielzahl der Transposons, die unter natürlichen Verhältnissen von Plasmiden isoliert werden, entsprechen strukturell diesen Erwartungen (z. B. *Tn5*, *Tn10*, *Tn9* etc.) (siehe Abb. 24). Auch die strukturellen Untersuchungen über die heterologe Genote der natürlich vorkommenden Plasmide zeigten, daß sie jeweils von direkten oder invertierten distinkten DNA Sequenzen flankiert sind. Offenbar liegen viele Transposonsequenzen nur strukturell erkennbar, jedoch funktionell in einer inaktivierten Form vor. Zum Beispiel kann man experimentell sehr leicht das Tetracyclinresistenzgen vom *FII* Plasmid R6 (vgl. Abb. 4) als Transposon isolieren und als *Tn10* identifizieren, während die vom *IS1* flankierte Struktur, die für eine Cm, Sm, Su, Km, Hg Resistenz kodiert, praktisch nicht als transponables

Element in Erscheinung tritt. Heute sind bereits eine Fülle von Transposons von natürlich vorkommenden Plasmiden isoliert und beschrieben worden, die mit *Tn1*, *Tn10*, *Tn1824* etc. bezeichnet werden (Tab. 10). Alle Transposons lassen sich in zwei Hauptgruppen einsortieren, die jeweils eine Reihe von Gemeinsamkeiten aufweisen. Die eine Gruppe der Transposons repräsentiert den Typus, der sich von einem IS-Element durch „Mini-inserts"

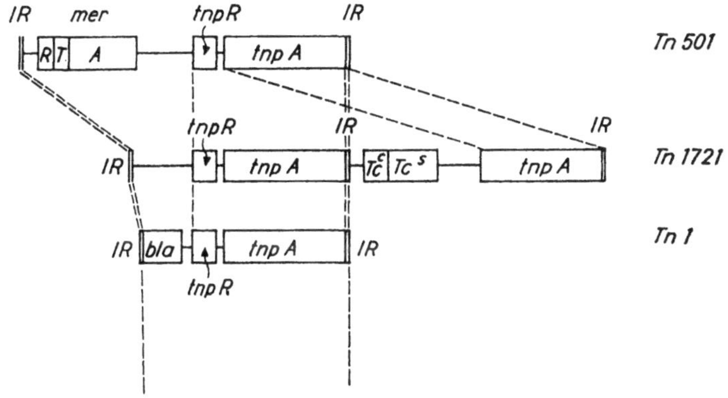

Abb. 25. Struktureller Vergleich der Transposonkarten *Tn1* (Ampicillinresistenz), *Tn501* (Quecksilberchloridresistenz) und *Tn1721* (Tetracylinresistenz) (modifiziert nach SCHMITT et al. 1981; in LEVY, CLOWES und KOENING (eds.) 1981).
Tn501 kodiert für eine Quecksilberchloridresistenz durch das Operon „*mer*" mit den Genen merR (Repressor) *merT* (Transport) und *merA* (Reduktase) und besitzt die gleiche „Transpositions-Einheit" wie das Transposon *Tn1721* (Tetracyclinresistenz); Tc^c: Tetracyclinresistenzkontrolle; Tc^s: Tetracyclinresistenz-Strukturgen) und das Transposon *Tn1* (Amplicillinresistenz durch Bildung einer β-Lactamase (*bla*)); *tnpR*-Transposon Repressor *tnpA* — Transposase-Struktur-Gen.

heterologer DNA ableiten läßt; diese Transposons, zu denen *Tn1*, *Tn502*, *Tn1721* (vgl. Abb. 25) gehören, transponieren replikativ (siehe weiter unten Abb. 27). Die andere Gruppe von Transposons repräsentieren den Typus, bei dem zwei IS-Elemente ein Stück heterologer DNA Sequenz flankieren und deren Entstehung mit der „gene pick up" Hypothese im Enklang stehen. Diesem Typus der Transposons gehören die bekannten Elemente *Tn5*, *Tn10*, *Tn9*, *Tn1681* usw. an (siehe Tab. 10). Beim Transposon *Tn5* flankieren die zwei 1500 bp großen *IS50*- Elemente (die jeweils

9 pb *IR* in identischer Sequenz und 10 bp *IR* in ungenauer Sequenz aufweisen) in invertierter Folge ein Stück DNA von 2700 bp (Abb. 24), welches für eine Kanamycin/Neomycin Phosphotransferase (*APH-3'*) (vgl. Tab. 11) kodiert. Interessant ist, daß die Transposition dieses Elements nur vom *IS50R* kodiert wird (Bildung der Transposase) und daß die *IS50L*-Sequenz· dafür nicht kodieren kann, weil durch den Austausch von ein paar Basen die Transposasebildung verhindert wird (Abb. 24). Dagegen trägt die *IS50L*-Sequenz den Promotor für das Strukturgen zur Bildung des *APH-3* Enzyms, was darauf hinweist, daß quasi schon eine „Etablierung" und molekulare Abstimmung von IS-Elementen und heterologer DNA Sequenz im Laufe der Molekularevolution erfolgt ist. Der **Transpositionsvorgang** von *Tn5* geschieht auf dem sogenannten konservativen Weg: Das Transposon löst sich durch „loopin-gout" vom Donormolekül (vgl. Abb. 22) wahrscheinlich durch eine Mini-Ringformation und erkennt auf dem Rezipientenmolekül eine bestimmte Basenfolge als Zielort (Target-Sequenz), in die es integriert. Beim Integrieren entsteht eine „Anpassungsreplikation" des chromosomalen Insertionsortes (Target-Sequenz), so daß jeweils 9 bp in direkter Wiederholung das Transposon flankieren. Diese 9 bp großen direkten Wiederholungen sind für die gesamte Gruppe dieser „konservativen" transponierenden Elemente typisch. Vergleicht man ein mit dem *Tn5* sehr ähnliches Transposon *Tn902*, so stellt man fest, daß zwar die zentrale Region (die heterologe DNA Sequenz) von 2700 bp zwischen beiden Transposons identisch ist, daß aber die flankierenden IS-Elemente total voneinander abweichen. Diese Beobachtungen deuten darauf hin, daß entsprechend der *„gene pick up"* Hypothese identische chromosomale Regionen durch verschiedene Plasmide vermittelt mit verschiedenen IS-Elementen sich zu bestimmten Transposons organisieren können.

Die andere Gruppe von Transposons, die dem Typus der IS-Elemente mit „Mini-Inserts" entspricht, wird durch die bekannten und weit verbreiteten Transposons vom Typ *Tn1*, *Tn7*, *Tn501*, *Tn1721*, *Tn1825* repräsentiert (Abb. 25; Tab. 10). Das *Tn1* ist das wohl am detailiertesten untersuchte Transposon. Es ist 3,8 kb groß, besitzt am Ende invertiert angeordnete identische 39 bp (*IR*, inverted repeats, Abb. 26), die für das Transpositionsenzym Transposase (ein „nicking-ligation" Protein) als essentielle Erkennungssequenzen fungieren. Die Transposase wird vom Gen *tnpA* gebildet, welches durch das Gen *tnpR* kontrolliert wird. Das Gen *tnpR* kodiert aber ebenso auch für das Enzym

Tabelle 11

Einige Plasmid kodierte Funktionen zur Antibiotikaresistenz

Genprodukt	Funktion	Resistenz gegen
O-Acetyltransferase (CAT)	Acetylisierung von Chloramphenicol	Chloramphenicol
N-Acetyltransferase SAT	Acetylierung[2]) von Streptothricin	Streptothricin Nourseothricin
AAC-3[1])	Acetylierung[3]) von Aminoglykosiden	Gentamicin
AAC-6	Acetylierung von Aminoglykosiden	Kanamycin Amikacin
O-Nukleotidyltransferase		
ANT-2	Adenylierung von Aminoglykosiden	Gentamicin/ Tobramycin
ANT-3	Adenylierung von Aminoglykosiden	Strepto/ Spectinomycin
Phosphotransferase		
APH-3	Phosphorylierung von Aminoglykosiden	Kanamycin, Neomycin, Streptomycinresistenz
β-Lactamase		
Tem Oxa HMS, SVH PSE	Penicillin-Hydrolase Oxacillin-Hydrolase Cephalosporin-Hydrolase Carbenicillin-Hydrolase	β-Laktamantibiotika
Dihydrofolatreduktase[4])	Ersatz des empfindlichen bakteriellen Enzyms	Trimethoprim
Dihydropteroatsynthease[4])	Ersatz des empfindlichen bakteriellen Enzyms	Sulfonamid
Membran-Transportprotein	Auspumpen von Tc	Tetracycline
23s-Methylase	Methylierung der 23s RNA	Makrolide (Linkomycin, Erythromycin)

Tabelle 11 (Fortsetzung)

Genprodukt	Funktion	Resistenz gegen
O-Acetyltransferase[5])	Bindung der Fusidinsäure an das Enzym	Fusidinsäure
unbekannt:		Fosfonomycin[6]) Carbadox Nitrofurantoine

[1]) Es sind verschiedene Untergruppen bekannt
[2]) Inaktivierung erfolgt am β-Lysin
[3]) siehe Abb. 31
[4]) siehe Abb. 33
[5]) Die O-Acetyltransferase acetyliert die Fusidinsäure nicht, sondern bindet sich lediglich und läßt dadurch ein Eindringen in die Zelle nicht zu (trifft nur für gramnegative Bakterien zu. Mechanismus für grampositive ist unbekannt).
[6]) Der Phänotyp Fosfonomycinresistenz könnte mit dem Ersatz des Wirtsenzyms Enolpyruvat-Transferase zusammenhängen. Für das Nifurantoin könnten Zusammenhänge mit der UV-Resistenz bestehen.

Resolvase, welches für die Auflösung des Kointegrats verantwortlich ist (Abb. 25). Außerdem trägt dieses Transposon das Strukturgen für die β-Lactamase, eine Hydrolase, die Lactamantibiotika, wie Penicilline, Ampicilline, Cephalosporine, spalten und damit antimikrobiell unwirksam machen kann (vgl. Tab. 11). Der Transpositionsvorgang ist strukturell und funktionell von dem der zusammengesetzten Transposons („Konservative") grundlegend verschieden. An den Transposonendpunkten (*IR*, Abb. 26) und am Insertionsort auf dem Rezipientenmolekül wird durch „nicking-ligation" der Transposase eine Kointegration bei gleichzeitiger „Sonderreplikation" der Transposonsequenz und der chromosomalen Target-Sequenz erreicht (Abb. 27). Diese Sonderreplikation erfolgt in bidirektioneller Weise (Abb. 27), wodurch sowohl die Transposon-Sequenz als auch die Target-Sequenz verdoppelt wird. Diese Target-Verdopplung beträgt 5 bp (im Gegensatz zur Verdopplung von 9 bp bei den konservativ transponierenden Elementen). Das durch Teildublikation so gebildete

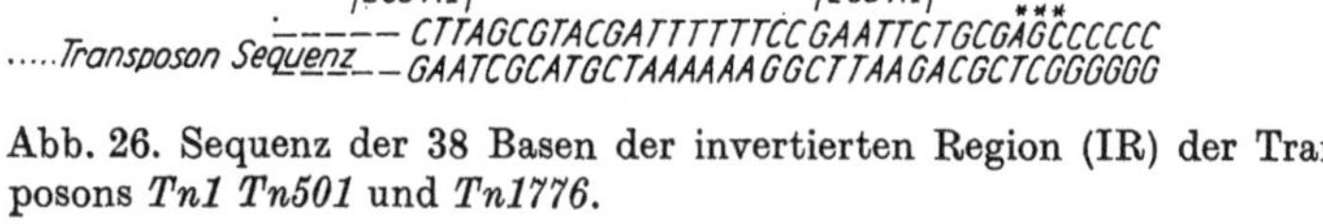

Abb. 26. Sequenz der 38 Basen der invertierten Region (IR) der Transposons *Tn1 Tn501* und *Tn1776*.

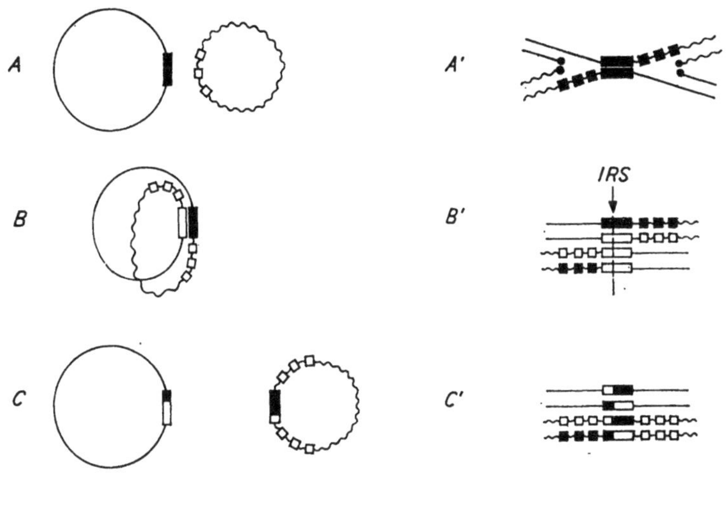

Abb. 27. Schematische Darstellung der replikativen Transposition (*Tn1*, *Tn501*, *Tn1721*, vgl. Abb. 25).

1 Transposon auf den Donor-Replikon
2 Erkennungsstelle für das Transposon auf dem Rezipienten-Replikon
3 neu-synthetisierte Kopie des Transposons
4 neu-synthetisierte Erkennungsstelle
A) Das Donor Replikon (das Plasmid mit dem Transposon) „bindet" sich mit den Rezipientenmolekül (Plasmid mit der Erkennungsstelle)
A') Detail der Doppelstrang-Gabel an der Stelle der „Bindung"
B) Neu-Synthese und Strangverschmelzung an der „Bindungsstelle"
B') Detail der Doppelstranggabel
C) Auflösung des entstandenen Ko-Integrats an der IRS (internal resolution site) durch Inzision und „crossing over" (Verschmelzung)
C') Detail der Doppelstränge an der „Bindungsstelle". Auf dem Rezipienten befindet sich jetzt das „übertragene" Transposon, welches von einer Dublikation der Erkennungsstelle flankiert wird.

Kointegrat zwischen Donorreplikon und Rezipientenreplikon (Abb. 27) wird durch das Enzym Resolvase (*tnpR*) am IRS Lokus (internal resolution site) durch „nicking-ligation" aufgelöst. Einige IS-Elemente, wie das *IS140*, sind offenbar nicht zur Bildung einer Resolvase in der Lage, sie transponieren zwar mit hoher Frequenz, lösen aber das entstandene Kointegrat nicht wieder auf. Dadurch sind solche IS Elemente von besonderer Bedeutung für eine stabile Kointegration von Plasmiden (vgl. 3.3.3.). Über die Bedeutung der Target-Sequenz-Dublikationen ist viel hypothetisiert worden, offenbar spielen sie eine Rolle in der Stabilität der Transposon-Insertion. Da die Insertionen eines Transposons im Rezipientenmolekül an sehr verschiedenen Stellen erfolgt, d. h. das Transposon verschiedene Target-Sequenzen erkennen kann, und die Stabilität einer betreffenden Transposon-Insertion sehr von der Nachbarschaft des Insertionsortes abhängt, könnte diesen Target-Sequenz-Dublikationen die Rolle einer Stabilisierung zukommen.

Diesem replikativen Grundtyp der Transposition gehören zahlreiche Transposontypen an, die sich zum Teil sogar wie *Tn1*, *Tn501*, *Tn1721* (Abb. 25) auch strukturell weitgehend ähneln, allerdings durch verschiedene „Mini-Inserts" unterscheiden, die in verschiedenen Stellen des Moleküls zu beobachten sind. Auch eine andere Familie von Transposons, die *Tn7*, *Tn1824*, *Tn1825* und Tn1826, die einen neuen Grundtyp von Transposons repräsentieren, unterscheiden sich untereinander durch verschiedenartige „Mini-Inserts", wie das Gen für die Dihydrofolatreduktase, das Gen für die Streptothricin-Acetyltransferase, gleichen sich aber sonst weitgehend in ihrer 28 bp großen invertierten Region (IR), in einer Reihe von 22 bp von direkten Wiederholungen sowie den Genen für die Transpositionsfunktionen. Alle Mitglieder der Tn7-Familie weisen darüberhinaus eine bemerkenswerte „Integrationsfreudigkeit" in das Wirtschromosom verschiedener Bakterienarten auf.

3.3.3. Die Bedeutung der Insertionselemente für die Variabilität der Bakterien

Die Analyse der IS-Elemente und der von ihnen abgeleiteten Transposons hat zu grundlegend neuen Erkenntnissen über die Genetik und Evolution der Organismen geführt. Was bisher mit der klassischen Mutations-/Rekombinationsgenetik nicht gut verständlich war — die Addition von genetischer Information (eine Grundvoraussetzung für die Höherentwicklung der Organismen) — kann durch Kopplung prä-existierender Bausteine erklärt werden. IS-Elemente sind nicht nur für eine solche „en bloque" Rekombination (Kointegration, Transposition," gene pick up", Mobilisierung etc.) verantwortlich, deren Kapazität weit über die generelle Rekombination hinausgeht, sondern sie sind auch mit einer ganzen Reihe von besonderen Regulationsaufgaben (Transition, Amplifikation, flip-flop-Regulation, Positionseffekt etc.) plasmidaler und chromosomaler Genfunktionen betraut. Damit ist die naive Vorstellung von der „selbstsüchtigen DNA" (Gene) widerlegt und die unmittelbare Rolle der IS-Elemente im Konzert der besonderen Angepaßtheit und Fitneß der biologischen Arten gezeigt.

Am Beispiel der „gene pick up" Hypothese ließ sich deutlich machen, wie Plasmide diese IS-Elemente zum Aufbau und zur strukturellen Organisation ihrer heterologen DNA Genote „einsetzen" und damit ihren Wirtsbakterien Genreserven von einer theoretisch unendlichen Vielzahl liefern können. Dieser plasmidale Beitrag zum Aufbau bestimmter besonders qualifizierter und angepaßter Bakterienklone und damit zur Flexibilität und Reaktionsbreite der Bakterienpopulation für Sondersituationen oder für die Kolonisierung besonderer ökologischer Nischen (vgl. Kap. 6.2.) findet auf der molekularen Ebene durch die Transposition der IS-Elemente und der Transposons von Replikon zu Replikon ihr Pendant in der Variabilität genetischer Information. Durch diese Elemente werden nicht nur einzelne Sequenzen von „Reserve DNA" und Plasmid DNA oder chromosomaler DNA verknüpft, sondern es kommt durch den entsprechenden Selektionsdruck notwendig zu einer „Aggregation" verschiedener „Reservegene", wie z. B. im Falle der Mehrfachresistenzplasmide (vgl. Abb. 4). Solche Aggregationen müssen nicht nur durch sukzessives Ankoppeln einzelner Bausteine erfolgen, sondern können auch sozusagen mit höher integrierten Bauelementen simultan geschehen. Das Phänomen der „selbst-kointegrativen" Plasmide legen solche Annahmen nahe. „Selbst-kointegrative" Plasmide besitzen IS-Elemente (z. B. IS140, siehe Tab. 10), die zwar eine hohe Transposaseaktivität aber keine Resolvaseaktivität aufweisen. Damit wird der bei der normalen replikativen Transposition als „Zwischenstadium" auftretende kointegrierte Zustand bewahrt und das gesamte Plasmid als Einheit vom Rezipientenmolekül „übernommen". So entstehen „Inseln" von heterologen DNA Sequenzen auf Plasmiden oder auch im Chromosom der Bakterien, die aber wieder verloren gehen können, ohne die Integrität des Trägermoleküls zu zerstören. Aber nicht nur diese Art der „en bloque" Rekombination wird von den IS-Elementen ermöglicht, sie stellen selbst Regulatoren der Genexpression dar. Dabei können sie entweder durch **Transition** die Gendosis verändern oder aber durch das Phänomen des Positionseffektes Genaktivitäten ein- oder ausschalten. Für das Phänomen der Transition (der selektiven Gendosis-Erhöhung) (Abb. 28) sind Gendublikationen verantwortlich, die zeitweise und durch Signalwirkungen von außen (Temperatur, pH Wert, Fe-Ionen etc.) eintreten. Das führt zu einer erhöhten Bereitstellung des Genproduktes, z. B. die Bildung des Enterotoxins der Cholera-Bakterien oder des Tetracyclin-Transport-Proteins der Streptokokken.

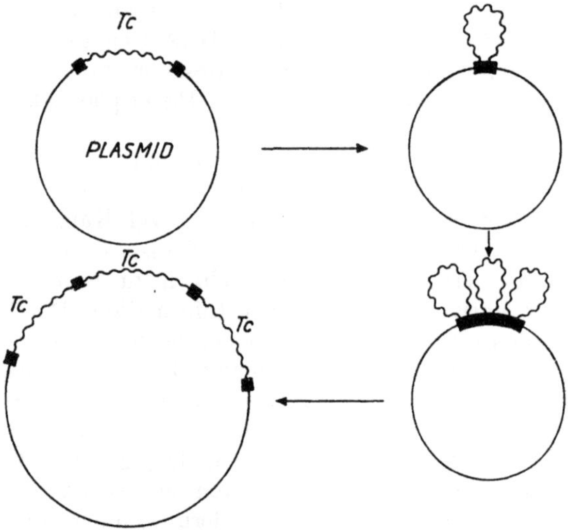

Abb. 28. Gendosiserhöhung durch Transition
Durch „Extrareplikation" des Transposons ohne lokale Migration entstehen so viele Dublikationen wie Initiationen der Replikation.

Für das Phänomen des Positionseffektes sind die auf IS-Elementen öfters anzutreffenden starken Promotoren verantwortlich, die durch Transposition in die unmittelbare Nähe von Strukturgenen gelangen und deren Genaktivität anschalten können. So ließ sich für das *IS2*-Element zeigen, daß es in die Operonstruktur für die Galaktose-Vergährung in eine besondere Stelle so „springen" kann, daß es in der Position I zu einer konstitutiven Bildung des Enzyms kommt — der auf dem IS-Element befindliche Promotor übernimmt die Transkription des Strukturgens — oder aber es in der Position II zu keiner — auch nicht mehr induziblen — Bildung des Enzyms kommt, weil der Promotor „weg" vom

Strukturgen transkribiert. Solche durch IS-Elemente bedingte Positionseffekte sind im Laufe der Evolution so stabilisiert worden, daß sie ähnlich wie ein Kippschalter (flip-flop) die Genaktivität eines Strukturgens konstitutiv „an" oder „aus" regulieren. Eine **„flip-flop" Regulation** der Genwirkung wird in den letzten Jahren immer häufiger unter Bakterien nachgewiesen und läßt sich auf solche IS-Elemente zurückführen, die zwar nicht mehr transponieren, jedoch lokal fixiert jeweils eine Drehung um die eigene Achse vollführen können. So ist z. B. die Regulation der Flagellenausbildung bei Salmonellen (Abb. 29), die CFAI- sowie die Typ I Fimbrien-Ausbildung von *E. coli* und die Pilusausbildung von verschiedenen Plasmidspezies auf eine derartige „flip-flop" Regulation zurückzuführen. Am detailiertesten ist diese Regulation bisher für die Bildung der *Salmonella*-Flagellen untersucht worden. Salmonellen können zwei Arten von serologisch verschiedenen Flagellen bilden, die in einem sogenannten Phasenwechsel sich gegenseitig „ausschalten". Diese alternative Regulation zwischen dem Flagellentyp I (H1) und dem Flagellentyp II (H2) wird durch das „controlling" Element *PD* bewirkt, welches ca. 950 bp groß ist und 14 bp lange invertierte Wiederholungen am Ende aufweist. In der Position 1 führt das *PD* Element den auf ihm liegenden Promotor an das Strukturgen H2 (Flagellin vom Phasentyp 2) heran, wodurch dieses und das direkt anschließend lokalisierte Gen *rh1* transkribiert werden. Das Gen *rh1* kodiert einen Repressor für das Strukturgen H1 (Flagellin vom Phasentyp 1) (Abb. 29). Wird das *PD* Element in die Position II gedreht, welches durch eine vom Gen *vh2* kodierte Invertase ermöglicht wird, dann liegt der Promotor für H2 entfernt, es kann weder das Flagellin H2 noch der Repressor für das Flagellin H1 gebildet werden, so daß die Flagellen vom Typ H1 erscheinen. Bei jeder Drehung des Elements kommt entweder der H1 oder der H2 Phasentyp in Erscheinung (Abb. 29). Abgesehen davon, daß man die Bedeutung dieses Phasenwechsels von Salmonellen nicht versteht — die Flagellen spielen für die Virulenz der Salmonellen eine besondere Rolle — zeigen Analysen auf analoge Vorgänge der Regulation von Virulenzeigenschaften (CFAI-Fimbrien) der Ti-DNA von den onkogenen *Agrobacterium*-Stämmen oder von Retroviren hin, und es ist erwartungsgemäß, daß man auch hier eine Klasse von ähnlichen transkomplementierbaren Elementen nachweisen kann. IS-Elemente stellen also kleinste Bausteine des bakteriellen Genoms dar, die der Anpassung und Flexibilität auf unterster molekularer Ebene dienen.

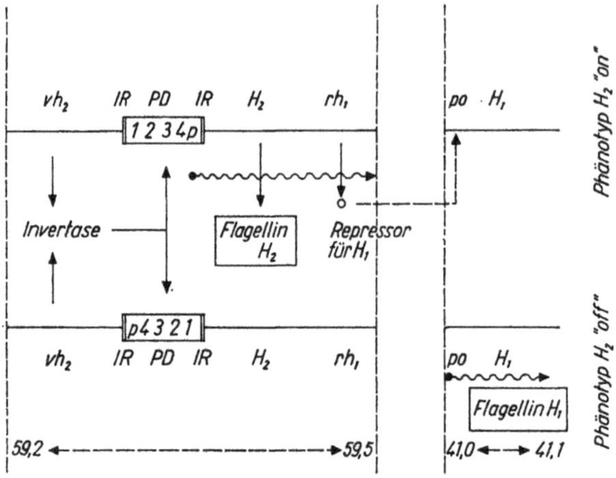

Abb. 29. „Flip-flop"-Regulation der Genexpression für Flagellinbildung von *Salmonella typhimurim.*
Die Kartenabstände entsprechen nicht den wirklichen Verhältnissen. Innerhalb des Bereiches 59,2—59,5 der *S. typhimurium* Chromosomenkarte ist der H2 Genkomplex lokalisiert, innerhalb des Bereiches 42,0—41,2 ist der H1 Genkomplex lokalisiert.
vh2 — Gen für die Invertase (site-spezifische Rekombinase)
PD — invertierbares Kontrollelement (IS-like-Element)
Das *PD*-Element ist 936 bp groß und besitzt invertierte Wiederholungen (IR) von 14 bp. Interessant ist, daß viele dieser Elemente sich funktionell transkomplementieren lassen (Cin, Hin, Gin, Min).

4. Plasmide als Träger der bakteriellen Genreserven

Wenn die Aussagen zur „*gene pick up*" Hypothese richtig sind, dann sollten Plasmide unter natürlichen Bedingungen für eine Vielzahl von bakterienphysiologischen Leistungen und Eigenschaften kodieren können, wobei eine besondere Korrelation von Plasmidart und der ausgebildeten Bakterieneigenschaft nicht zu erwarten ist. Tatsächlich kennt man heute eine unübersehbare Fülle von Leistungen und Eigenschaften der Bakterien, für deren Kontrolle Plasmide verantwortlich oder mit verantwortlich sind. Derartige Funktionen werden als die somatischen Funktionen der Plasmide, die entsprechende Gen-Region (vgl. segmentale Organisation der Plasmide) als die somatische Genote der Plasmide bezeichnet (vgl. 3.3.). Die somatische Genote der Plasmide stellt die eigentliche „Genreserve“ der Bakterien dar, die Plasmide sind nur deren Träger und Vehikel für die Verbreitung. Durch diese Genreserven sind Bakterien für Sondersituationen vorprogrammiert und können so Umweltveränderungen und den Selektionsdruck durch neuartige ökologische Situationen (z. B. Antibiotika) zielgerichtet überleben. Gehen Plasmide aus der Bakterienzelle verloren, dann ändert sich in der Regel an den bakteriellen Arteigenschaften nichts. In den letzten Jahren sind jedoch immer mehr Plasmide charakterisiert worden, die für ihre Wirtsbakterien einen typbestimmenden Charakter zeigen (vgl. Kap. 6 und Tab. 21; *Shigella*-Plasmid, *Agrobacterium*-Plasmid etc.), so daß eine scharfe Trennung zwischen Genreserven für Sondersituationen und plasmidalen Beiträgen zum Normalstatus einer Bakterienart heute immer weniger zu ziehen ist. Das trifft besonders für die von Plasmiden determinierten Pathogenitätsfaktoren zu (4.2.). Nach den somatischen Determinanten hat man Plasmide auch als R Plasmide, wenn sie für Antibiotika-Resistenzen kodieren (4.1.), als Vir Plasmide, wenn sie Pathogenitäts (Virulenz)-Faktoren für ihre Wirtsbakterien herstellen (4.2.), oder als Deg bzw. oder Met Plasmide bezeichnet, wenn sie sich am Abbau von Kohlenwasserstoffen und anderen Verbindungen der Umwelt beteiligen (4.3.) und somit den Energiestoffwechsel ihrer Wirtsbakterien unterstützen. Plasmide, die keine erkennbaren somatischen Funktionen determinieren, werden als cryptische Plasmide bezeichnet, gleichgültig, ob es sich dabei um Transferplasmide (Sex-Plasmide) oder um nicht-transferable, nur als DNA-Moleküle zu identifizierende Typen handelt.

Allerdings muß man vermuten, daß die meisten cryptischen Plasmide doch für eine Reihe von somatischen Funktionen kodieren, nur daß deren Identifizierung (z. B. Beiträge zur Pathogenität der Wirtsbakterien) bisher nicht gelungen ist. Damit ist der Terminus „cryptisch“ nur operativ zu verstehen.

4.1. Die plasmidvermittelte Antibiotikaresistenz

Plasmide erreichen für ihre Wirtsbakterien durch 6 verschiedene „Konzepte“ (Abb. 30) eine Resistenz gegen Antibiotika und Chemotherapeutika, wobei eine Vielzahl divergenter Enzyme und Faktoren dazu bereitgestellt wird (Tab. 11). In dieser Betrachtung sollen die Faktoren für die Ausbildung von Resistenzen gegen Quecksilberionen, Arsenverbindungen, Kupfervitriol, Silber-

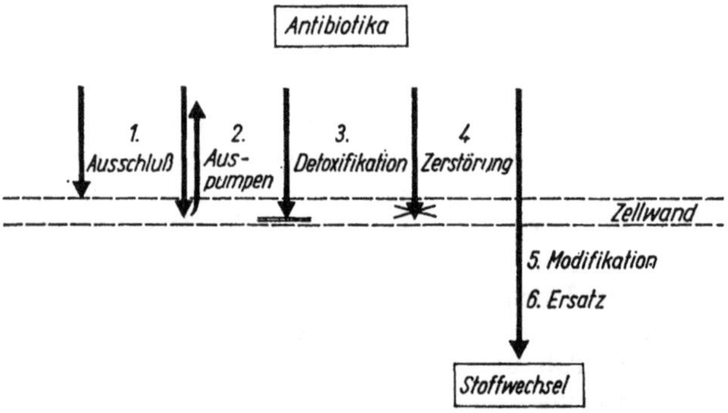

Abb. 30. Prinzipien der Ausbildung von Antibiotikaresistenzen durch Plasmide

1. Plasmide verhindern das Eindringen (Permeation) der Antibiotika (Nifurantoine)
2. Plasmide vermitteln ein zusätzliches Transportprotein, welches Antibiotika von innen nach außen schleusen kann (Auspumpen des Tetracyclins)
3. Plasmide vermitteln die enzymatische Detoxifikation (Modifikation des Antibiotikums). Neben dem Verlust ihrer antimikrobiellen Wirkung tritt eine Verstopfung der Eintrittsporen auf, wodurch das weitere Eindringen von aktiven Molekülen verhindert wird. (Aminoglykosid-Antibiotika)
4. Plasmide vermitteln die enzymatische Zerstörung des Antibiotikamoleküls (z. B. Spaltung des Lactamrings bei den Penicillin/Cephalosporin Antibiotika)
5. Plasmide vermitteln die Modifikation des Zielorts der Antibiotika, so daß eine antimikrobielle Wirkung nicht mehr angreifen kann (z. B. Methylierung der 23sRNS der Ribosomen, dadurch Resistenzen gegen Macrolide)
6. Plasmide vermitteln den Ersatz des Zielortes der Antibiotika, so daß der an sich sensible Stoffwechsel ungehindert weiter ablaufen kann (z. B. für Sulfonamide, Trimethoprim) (die sulfonamidresistente Dihydropteroatsynthetase oder die trimethoprimresistente Dihydrofolatreduktase).

salzen, Kaliumthellurit, Selenit, Phenolen etc. unberücksichtigt bleiben, da sie zur Gruppe der metabolen Leistungen der Plasmide (4.3.) gehören (Tab. 1). Die ihnen zugeschriebene Resistenz betrifft nur ein sehr eingeschränktes Überleben der Wirtsbakterien unter therapeutischen bzw. desinfektorischen Konzentrationen. Z. B. erlauben die Plasmide mit einer „Quecksilberionen-Resistenz" (RHg^{++}) ein Überleben unter maximal nur 10 µm, für therapeutische bzw. desinfektorische Zwecke werden aber das 10–100fache dieser Konzentrationen verwendet, so daß unter den natürlichen Verhältnissen ein Überlebensvorteil nur bei sehr reduzierter Konzentration gewährleistet ist. Im Gegensatz dazu kodieren die „richtigen" R Plasmide für ihre Wirtsbakterien eine Chemotherapeutikaresistenz, die 10–100fach höher liegt, als für die üblichen therapeutischen Dosen notwendig wäre (vgl. Tab. 12).

Tabelle 12

Vergleich von therapeutisch erreichbaren zu therapeutisch notwendigen Spiegelwerten (MHK)[1]) für sensible und resistente Bakterien

Chemotherapeutika	erreichbarer Serumspiegel (Halbwertszeit) µg/ml	MHK Werte von Bakterien µg/ml	
		sensibel	resistent[2])
Tetracylin	15,0–4	0,1–0,5	150–200
Sulfonamid	100	20	1000–2000
Penicillin	20–300	0,004–0,03	1000
Ampicillin	1,5–20	0,1	500–1000
Cephalosporin	7–40	0,05–1,0	50–500
Choramphenicol	2–30	0,1	200
Streptomycin	10–35	0,1	50–500
Kanamycin	9–40	0,1	500–1000
Neomycin	20	0,1	100–1000
Gentamicin	1–7,5	0,05–0,1	20–200
Trimethoprim	1–15	0,05	1000
Erythromycin	0,4–3	0,003–0,3	250
Lincomycin	1,5–4	0,004	250
Spiramycin	1,0–3,0	0,3	120

[1]) Für die Tetracycline, Sulfonamide, Ampicilline, Cephalosporine, Streptomycin, Kanamycin, Neomycin, Gentamicin und Trimethorpin wurden die MHK Werte für *E. coli* als Durchschnittswerte angegeben, für Penicillin, Erythromycin, Lincomycin und Spiramycin die Werte für *Staphylococcus aureus*.

[2]) plasmidbedingte Resistenz

Die 6 verschiedenen „Konzepte" der plasmidbedingten Chemotherapeutika-Resistenz betreffen auch die verschiedenen Stoffklassen der Antibiotika, wie die Tetracycline, Lactamantibiotika, Penicilline, Aminoglykoside, Macrolide etc.:

Erstes Konzept zur Resistenz: Plasmide kodieren Enzyme, die Antibiotika chemisch spalten (hydrolisieren), z. B. eine Gruppe von Hydrolasen, die β-Lactamantibiotika (die Penicillin-Cephalosporin-Gruppe) am β-Lactamring spalten (β-Lactamasen, Cephalosporinasen, Oxa-Hydrolasen, SVH-Hydrolasen etc.) (Abb. 30). Da es sich bei diesen Enzymen meistens um Exoenzyme handelt, werden die β-Lactam-Antibiotika, die die Zellwandsynthese (wachsende Zelle) blockieren, schon vor dem Wirkort zerstört.

In neuerer Zeit hat man versucht, den für die Resistenzenzyme frei zugänglichen β-Lactamring dieser Stoffklasse durch chemische Modifikation so zu schützen, daß einerseits die β-Lactamasen nicht mehr inaktivieren können, andererseits der antimikrobielle Effekt der modifizierten Derivate erhalten bleibt bzw. noch gesteigert ist. Solche neuen Generationen von β-Lactamantibiotika kommen immer häufiger auf den Markt, jedoch haben auch sie den Wettlauf zwischen Resistenzentwicklung (neuen plasmidkodierten Resistenzleistungen) und der Bereitstellung neuer Antibiotika durch die Pharmaindustrie nicht aufhalten können (vgl. 6.1.).

Zweites Konzept zur Resistenz: Plasmide kodieren verschiedene Enzyme, die Antibiotika durch Modifikation am Molekül detoxifizieren, d. h. antimikrobiell unwirksam machen (Abb. 30). Solche Modifikationen betreffen das Anhängen von Acetyl-, Phosphoryl- oder Adenyl-Resten an verschiedenen Stellen des Moleküls. Sie sind besonders für die Gruppe der Aminoglykosid-Antibiotika (Abb. 31), aber auch für die Gruppe der Streptothricine und für das Chloramphenicol bekannt geworden. Auch für diese „Resistenz-Gruppe“ hat man durch chemisches Abschirmen der Acetyl-, Phosphoryl- oder Adenyl-sensiblen Stellen des Moleküls versucht, eine Generation von geschneiderten Antibiotika herzustellen, z. B. das Amikacin. Auch hier sind Plasmide nach einer gewissen Anwendungszeit aufgetreten, die dieses geschneiderte Molekül inaktivieren können (vgl. Tab. 11).

Der Einsatz dieser Art der Enzyme für die Detoxifizierung von Antibiotika ist für die Zelle sehr energieaufwendig. Daher müßten Bakterien, die eine hohe Konzentration dieser Antibiotika detoxifizieren, sich völlig verausgaben. Man kann es deshalb als eine besonders ökonomische Einrichtung bezeichnen, daß die modifizierten Moleküle gleichzeitig die Eintrittspore in die Zellwand verstopfen und so die Passage für nicht modifizierte noch antimikrobiell aktive Moleküle unmöglich machen. Damit kann eine maximal hohe Resistenz bei einer geringen Inaktivierungsrate erzeugt werden.

Drittes Konzept der Resistenz: Plasmide kodieren Enzyme, die den Wirkort der Antibiotika so verändern, daß die Antibiotika

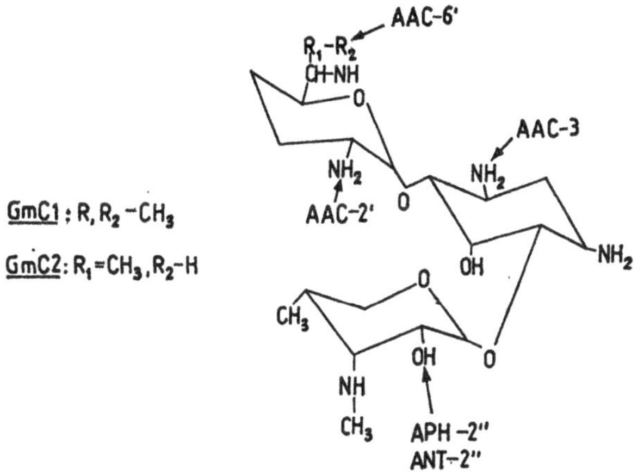

Abb. 31. Struktur des Gentamicins und Angriffsorte der modifizierenden plasmidkodierten Resistenzenzyme AAC-3, AAC-6, (Acetyltransferasen) ANT-2 (Nukleotidyltransferase) und APH2 (Phosphortransferase; kommt nur bei grampositiven Bakterien vor). (modifiziert nach DAVIES und SMITH 1975, Ann. Rev. Biochem. 32, 469).

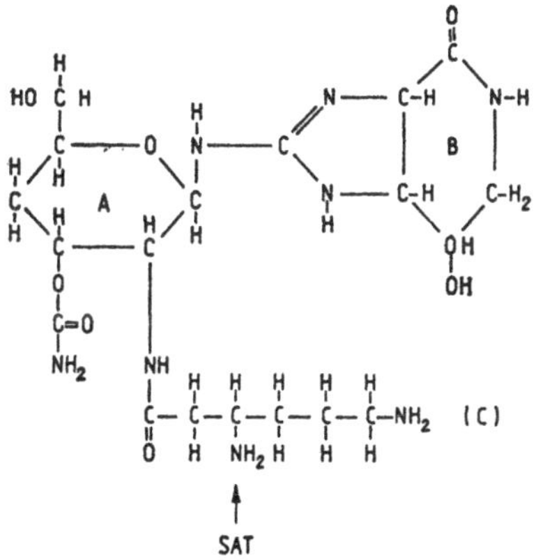

Abb. 32. Strukturformel des Antibiotikums Streptothricin (Nourseothricin) (nach SELTMANN, 1986, Zbl. Bakt. Abt. Orig. I).
A) Gulosamin
B) Streptolidin
C) β-Lysin
SAT — Streptothricin-Acetyl-Transferase; inaktiviert Streptothricin an der β-Lysin-Kette

selbst nicht mehr „binden" und damit ihre antimikrobielle Wirksamkeit entfalten können (Abb. 30). So kodieren z. B. Plasmide von grampositiven Bakterien (Streptokokken, Staphylokokken) eine Methylase, die die 50 s-Ribosomen-RNA methylieren und damit die antimikrobielle Wirksamkeit von Makrolid-Antibiotika (Erythromycin, Linkomycin etc.) verhindern.

Viertes Konzept der Resistenz: Plasmide kodieren für den Ersatz des Antibiotika-sensiblen Wirkorts durch einen entsprechend resistenten Faktor (Abb. 30). Diese Art der Ausbildung einer Antibiotikaresistenz trifft für die Gruppe der Sulfanamide und für das Trimethoprim zu. Gerade mit diesen beiden Substanzklassen hatte man eine große therapeutische Hoffnung verknüpft, da sie quasi als vom Menschen erfundene Therapeutika gelten können. Alle anderen Antibiotika, wie die Tetracycline, β-Lactamantibiotika, Aminoglykoside etc. muß man als natürlich vorkommende Produkte von Organismen (Streptomyceten) ansehen, die als Konkurrenzfaktoren seit jeher schon in der Natur existieren und die damit auch schon vor der eigentlichen Anwendung der Antibiotika durch den Menschen bei ihren Konkurrenzbakterien Resistenzen selektieren konnten.

Die antimikrobielle Wirkung der Sulfonamide und des Trimethoprim besteht darin, daß sie die Dihydropteroatsynthetase bzw. die Dihydrofolatreduktase der Bakterien und somit den Folsäurestoffwechsel der Bakterien blockieren (Abb. 33).

Setzt man Sulfonamide und Trimethoprim gleichzeitig zu therapeutischen Zwecken ein, so beobachtet man einen synergistischen Effekt, d. h. die antimikrobielle Wirkung beider erhöht sich um ein Vielfaches über den einfachen additiven Wert beider Therapeutika. Plasmide bilden nun für ihre Wirtsbakterien einen Überschuß an einer sulfonamidresistenten Dihydropteroatsynthetase bzw. einer trimethoprimresistenten Dihydrofolatreduktase, so daß der bakterielle Stoffwechsel auch in Gegenwart dieser Chemotherapeutika ablaufen kann. Inzwischen sind eine Reihe verschiedener, serologisch divergenter, plasmidkodierter Dihydrofolatreduktasen und Dihydropteroatsynthetasen bekannt geworden.

Fünftes Konzept zur Resistenz: Plasmide kodieren einen „Eflux"-Mechanismus (Auspumpen) der eingedrungenen Antibiotikamoleküle (Abb. 30). Dieser Eflux von Antibiotika ist höher als der Influx (Aufnahme), so daß die Antibiotikamoleküle an ihren antibiotikasensiblen Wirkort erst gar nicht gelangen können.

Ein derartiger, aktiver Eflux-Mechanismus liegt für die Tetracycline vor. Es handelt sich dabei um Membrantransportproteine, die Tetracycline von „innen" nach „außen" befördern.

Sechstes Konzept zur Resistenz: Plasmide kodieren ein „Verschließen" der Eintrittsporen und erzeugen eine Permeationsresistenz. Der genaue Mechanismus ist unbekannt. Er liegt für die Nifurantoine vor, wurde aber auch für das Chloramphenicol (neben der Acetylierung des Chloramphenicols) beschrieben.

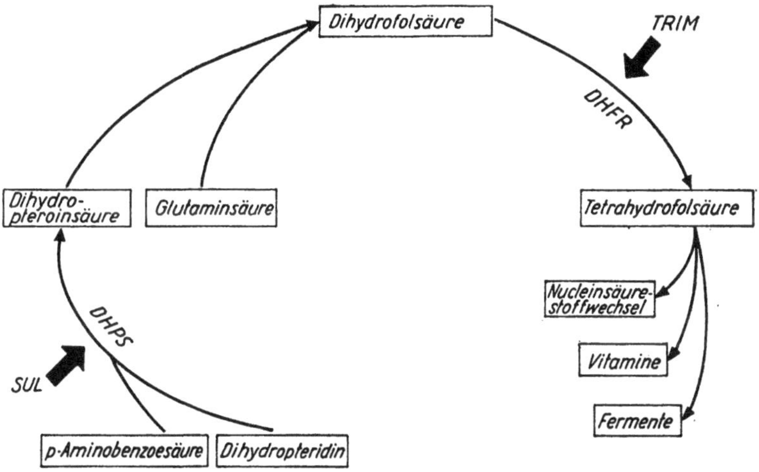

Abb. 33. Syntheseweg der Folsäure mit den Sulfonamid-sensiblen (Sul) und Trimethoprim-sensiblen (Trim) Syntheseschritten der Dihydropteroatsynthetase (DHPS) und der Dihydrofolatreduktase (DHFR).
Plasmide kodieren eine sulfonamidresistente DHPS und eine trimethoprimresistente DHFR, die die entsprechenden sensiblen bakteriellen Enzyme verdrängen.

Diese sechs verschiedenen Konzepte der Resistenzausbildung durch Plasmide reichen für die Wirtsbakterien in der Regel auch quantitativ aus, um unter gezielten therapeutischen Bedingungen die entstandenen (z. B. im Blut) Antibiotikakonzentrationen zu überleben. Tab. 12 zeigt, daß ein Vielfaches der üblichen am Infektionsort zu erreichenden **Spiegelwerte** (Blut, Serum, Organe, Gewebe) von den plasmidhaltigen Bakterien toleriert werden können.

Im Gegensatz zu den Antibiotikaresistenzplasmiden, die ihren

Wirtsbakterien das Überleben unter 10—100fachen Konzentrationen der eigentlich therapeutisch erreichbaren Dosis garantieren, (Tab. 12) sind Plasmide, die eine Schwermetallresistenz für ihre Wirtsbakterien kodieren, nur zur Bildung sehr geringer Resistenzgrade fähig. Das zeigt, daß diese Plasmide im eigentlichen Sinne nicht auf „Resistenz" selektiert worden sind, sondern daß es sich um solche Typen handelt, die ihren Wirtsbakterien eine Teilnahme am „*turn-over*" dieser Stoffe in der Umwelt ermöglichen, also im eigentlichen Sinne Plasmide mit metabolen Leistungen sind (siehe Tab. 14). Nur durch die Verwendung von Quecksilberpräparaten für desinfektorische und pflanzenschutzmäßige Zwecke bzw. Arsenverbindungen oder Kupferverbindungen für nutritive Zwecke haben solche Plasmide im Rahmen der Resistenzüberwachung auffällig werden lassen.

4.2. Die plasmidvermittelte Virulenz[1])

Eine der wichtigsten Aufgaben, die Plasmide für ihre Wirtsbakterien erledigen, ist der Auseinandersetzung mit dem Makroorganismus gewidmet (Tier, Mensch, Pflanze). Tiere, Pflanzen und der Mensch haben eine Reihe von „Barrieren" gegen das Eindringen, gegen die Vermehrung und gegen die zerstörerische Tätigkeit der Bakterien im Makroorganismus aufgerichtet, (Immunität, physikalische Barrieren wie pH Wert, etc.), und Bakterien ihrerseits haben eine Reihe von Faktoren parat (Pathogenitätsfaktoren), die sie zur Überwindung dieser Barrieren verwenden können. Sind Bakterien durch eine Reihe von solchen Pathogenitätsfaktoren qualifiziert, den betreffenden Makroorganismus zu kolonisieren und sein abgestimmtes Netz von Stoffwechselleistungen zu schädigen, so kann ein krankmachender (pathogener) oder abtötender (letaler) Effekt beobachtet werden. Keime mit solchen Leistungen werden als pathogen bzw. als virulent[1]) bezeichnet, jedoch sind diese Leistungen stets zielgerichtet und polyfaktoriell vorhanden. Deshalb spricht man von enteropathogenen, uropathogenen, nephropathogenen Bakterien etc. Natürlich darf die Pathogenität eines Bakterienstammes in der Regel nicht zur Vernichtung ihres Lebensraumes (Eliminierung des Makroorganismus) führen, sondern es muß zu einem mehr

[1]) In dieser Darstellung werden die Begriffe Virulenz und Pathogenität synonym gebraucht (vgl. 6.2.)

oder weniger labilen Gleichgewicht zwischen Abwehrlage des Makroorganismus und pathogener Qualifizierung der Keime kommen. Dabei sind die plasmidbedingten Pathogenitätsfaktoren von besonders evolutionärer Bedeutung, da sie ein „*Hin-und-Her-Pendeln*" zwischen Immunantwort und neuausgerüsteten besonders qualifizierten Keimen ermöglichen (vgl. 7.2.). Andererseits wirken Faktoren wie Urbanisierung, Massentourismus, Tierproduktion, Krankenhausaufenthalt etc. auf dieses labile Gleichgewicht, so daß ein vielschichtiges und komplex verknüpftes System sich aufzeigt.

Will man den Beitrag der Plasmide am Aufkommen der besonderen Pathogenitätsleistungen der Bakterien erfassen, so muß der analytische Weg der Isolierung der Plasmide und der Untersuchung der von ihnen kodierten Faktoren beschritten werden[1]) (vgl. Abb. 11). Plasmide kodieren eine Vielzahl von Faktoren und Leistungen für ihre Wirtsbakterien (Tab. 13), die man in **fünf Gruppen von direkt wirkenden Virulenz/Pathogenitätsfaktoren** zusammenfassen kann.

Erste Gruppe von Pathogenitätsfaktoren: Plasmide kodieren Leistungen, die für die Adhäsion und damit für die Kolonisierungsfähigkeit der Bakterien notwendig sind. Die Kolonisierung ist die Voraussetzung jeder Infektion. Sie führt dazu, daß Bakterien sich an bestimmten Zielorten ansammeln und dort verankern können. Sie erreichen dies mit Hilfe der Fimbrien.

Fimbrien sind Proteinantigene der Zelloberfläche, die als distinkte haarförmige Anhängsel im Elektronenmikroskop sichtbar gemacht werden können und sich morphologisch wie serologisch unterscheiden lassen. Wegen ihrer großen analytischen Bedeutung — ihre Anwesenheit qualifiziert einen Keim für bestimmte Kolonisationspezifität — hat man ihre Typisierung mit in das allgemeine Serotypschema aufgenommen und sie als F1 (common typ 1), F2 (CFAI), F3 (CFAII), F4 (K88), F5 (p981), F6 (K99), F7, F41, etc. bezeichnet. Fimbrien besitzen an der Spitze des Proteinkörpers einen Lektinanteil, der offenbar über Hydrophobität mit den entsprechenden Rezeptoren auf den Epithelzellen reagiert. Heute kann man auf Grund der Rezeptor-Spezifität drei Gruppen verschiedener Fimbrien unterscheiden, die Zuckerhemmbaren (z. B. D-Mannose), die Glykolipid-hemmbaren (z. B. Digalaktoside wie Gm1, Gm2) oder die Glykopeptid-hemmbaren

[1]) Dazu bedient man sich heute in vorwiegendem Maße gentechnischer Methoden.

Tabelle 13
Einige plasmidkodierte Virulenzleistungen

Genprodukt	Funktion	Bedeutung (klinischer Effekt)
Toxine		
LT-Enterotoxine ST-Enterotoxine	Fehlregulation im Wasserhaushalt der Darmepithelzellen	Wasserverlust, Durchfall
Vero-Toxin	Cytotoxische Schädigung von Epithelzellen, Stopp der Proteinsynthese	Invasion und blutige Durchfälle
Nephrotoxin (Hämolysin)	Auflösung des Nierenparenchyms	Nierenversagen, Pyelonephritis
Cardiotoxin	Herzdysfunktion	Herzversagen
TSS-Toxin		Toxinschock
Exfoliatives Toxin	Epithelschädigung	Hautläsionen
Siderophorbildung		
Hydroxamatbildung	Eisenaufnahme	Vermehrung im Makroorganismus
Vibrio-Siderophorbildung	Eisenaufnahme	Vermehrung im Makroorganismus
Adhäsine		
F-Antigene X-Antigene S-Antigene	Hydrophobe Bindung, Lektinoberflächenrezeptor	Anheftung an distinkte Gewebe oder Organe
Zellwandfaktoren		
KK-Faktor	Hydrophobität	Invasivität
ISS	Serumresistenz	Invasivität
V, W-Antigen	Ingestionsresistenz	
Phase-I-Antigen	Hydrophobität	Invasivität
Ti-Faktor	Octopinbildung, Fehlregulation im Zellwachstum	Pflanzenkrebs

(z. B. N-acetyl-Glukosamin) Fimbrien. Die Rezeptorspezifität der Fimbrien bedingt auch, daß bestimmte Bakterien nur an bestimmten Zellen, Geweben oder Organen adhärieren, daß viele sogar nur ganz bestimmte Tierspezies oder nur den Mensch besiedeln können. Die große Wirtsspezifität der Fimbrien ermöglicht den Bakterien, die Voraussetzung für bestimmte Erkrankungen bei bestimmten Makroorganismen zu kanalisieren. Auch läßt sich diese Fimbrienspezifität sowohl diagnostisch als auch therapeutisch (Antikolonisations-Vaccine) nutzen (siehe 7.2.).

Zweite Gruppe von Pathogenitätsfaktoren: Plasmide kodieren für Leistungen und Faktoren, die für die Invasion (Durchdringen) von Geweben und für die Penetration (Eindringen in Zellen) von Bakterien notwendig sind. Abgesehen davon, daß offenbar ständig eine passive Aufnahme von einigen Bakterien aus dem Darmlumen durch die Epithelzwischenräume über die Lamina propria in das darunter liegende Immunsystem aus „Trainingszwecken" erfolgt, und diese Vorgänge ohne Dazutun der Bakterien ablaufen, können Bakterien (vermittelt durch Plasmide) aktiv in Zellen und Gewebe eindringen. Plasmide kodieren eine Reihe von Zellwandoberflächenantigene (Membranproteine etc.), die eine stark hydrophobe Ladung und damit zu einer aktiven Pinozytose Anlaß geben (Shigellen, Yersinien). Das Eindringen in Zellen und Geweben kann sehr spezifisch sein, hängt mit der besonderen Erkennung von Zellwandoberflächenantigenen zusammen, z. B. Shigellen nur in Epithelzellen des Dickdarms.

Dritte Gruppe von Pathogenitätsfaktoren: Plasmide kodieren für das Überleben ihrer Wirtsbakterien unter bakteriziden oder bakteriostatischen Bedingungen im Makroorganismus. Solche bakteriziden oder bakteriostatischen Verhältnisse werden im Körper durch eine Reihe von Ereignissen geschaffen, z. B. durch extrem niedrige Eisenionenkonzentrationen, die ein Wachstum der Bakterien unmöglich machen, z. B. durch die bakterienabtötende Wirkung des Komplementsystems im Serum oder durch die humoralen und zellulären Immunsysteme (IgA, IgM, Macrophagen, Leukozyten etc.). Plasmide kodieren zum Überleben ihrer Wirtsbakterien unter den extrem niedrigen Eisenkonzentrationen im Serum, in Geweben, in speziellen Zellen und Sekreten ein hoch affines Eisenaufnahmesystem, welches sowohl mit den niedrigen Eisenkonzentrationen (Fe-Mangelresistenz) im Serum und im Gewebe fertig wird, als auch die an die aktiven Eisentransportproteine der Makroorganismen gebundenen Eisenionen wieder beschaffen kann (*Fe-Sequestering*). Ein solches vom Plasmid hergestelltes Eisenaufnahmesystem ist das Aerobactin (Hydroxamat), welches von den Plasmiden aus Lysin und Citrat zusammengebaut wird (Abb. 34). Das Aerobactin reißt die nur wenig vorhandenen Eisenionen an sich (Bindungskonstante 10^{-20}), führt sie an einen hochspezifischen Aerobactin-Rezeptor heran, der ebenfalls vom Plasmid kodiert wird (Abb. 34), „läd" die Eisenionen in einem bisher noch unverstandenen Mechanismus in der Zelle ab und verläßt, zur neuen Aufnahme von Eisenionen bereit, die Zelle wieder. Dieses sehr effektive und ökonomische System der vom Plasmid kodierten Eisenaufnahme unterliegt auch deshalb

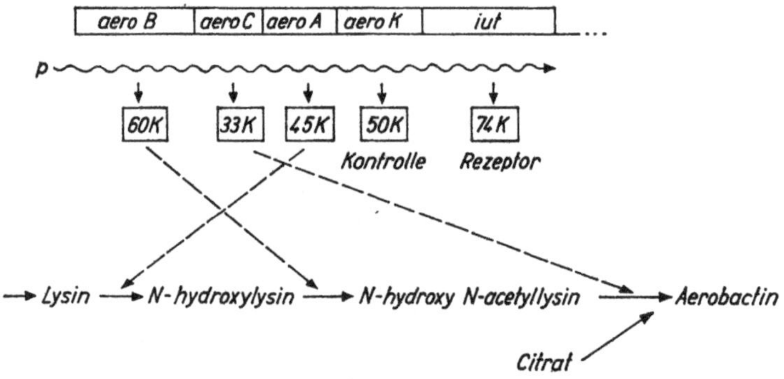

Abb. 34. Anordnung des Aerobactin-Operons sowie der Syntheseweg des Aerobactins aus Lysin und Citrat. (Modifiziert nach CARBONETTI und WILLIAMS 1984).
*aero*A,B,C — Strukturgene für die Aerobactinsynthese *aero*K, Kontrollgen, iut — Aerobactin-Transport und Rezeptor.

dem Selektionsvorteil unter Bedingungen des Makroorganismus, da die anderen von chromosomalen Genen kodierten Eisenaufnahmesysteme, wie das „Citrat-System" oder das „Enterochelin-System" unter in vivo Bedingungen vom Immunsystem des Makroorganismus „inaktiviert" werden. Bakterien, die von ihren Plasmiden ein solches Aerobactin vermitteltes Eisenaufnahmesystem zur Verfügung haben, können sich unter den eisenarmen Verhältnissen des Blutes und der Gewebeflüssigkeiten vermehren und damit die Schlüsselrolle, die kanalisierende Voraussetzung für eine septische (systematische) Infektion ausspielen.

Ein weiterer Faktor zum Überstehen der bakteriziden/bakterienfeindlichen Verhältnisse, die innerhalb der Makroorganismen herrschen, ist die von Plasmiden kodierte Serumresistenz. Plasmide kodieren zum Überleben ihrer Wirtsbakterien zusätzlich Proteine, die das bakterizide Komplementsystem nicht oder sehr verzögert angreifen lassen. Auch die von verschiedenen Plasmiden kodierten Fähigkeiten zur Vermehrung im, bzw. zur Zerstörung des Makrophagen stellen weitere Faktoren dar, mit denen Plasmide das Überleben ihrer Wirtsbakterien im Makroorganismus verbessern (z. B. für Yersinien).

Vierte Gruppe von Pathogenitätsleistungen: Plasmide kodieren für ihre Wirtsbakterien die Fähigkeit zur Zerstörung von Geweben und Zellen (*Cytotoxine*). Solche Toxine erkennen entweder bestimmte Zellwandstrukturen, z. B. N-Acetyl-Glukosamin, deren strukturelle Integrität sie herauslösen und damit die Zellwand zerstören, oder aber sie werden selbst zum Bestandteil der Zelle, formen Poren (*Cytolysine*), was ebenfalls zur Lyse der,,befallenen" Zelle führt. Aus der Vielzahl der bekannten Cytotoxine soll das Hämolysin von *E. coli* herausgegriffen sein, welches nicht nur als Nephrotoxin wirkt und Nierengewebe zerstören kann, sondern welches offenbar auch durch die Auflösung von Leukozyten, Thrombozyten und Erythrozyten pathogen wirkt. Mit der Lysis von Erythrozyten wird das Eisen-enthaltene Hämin freigesetzt, welches zusätzlich der Bakterienzelle als Eisenionenquelle dienen kann. Auch hiermit wäre pleiotrop ein Beitrag zur Virulenz gegeben.

Das Hämolysin wird durch das Gen *hlyA* (Strukturgen) hergestellt, muß aber vor der Ausschleußung aus der Bakterienzelle durch das Gen *hlyC* prozessiert werden (vom 106 kd Protein zum 58 kd Protein zusammengeschnitten). Für den transmembranösen Transport sind die Gene *hlyBa* und *hlyBb* verantwortlich (Transportprotein). Das Hämolysin wird vor allem in den uropathogenen und nephropathogenen Bakterien (*E. coli*) ausgebildet, dürfte aber auf Grund seiner breiten cytotoxischen Wirkung (Erythrozyten, Leukozyten, Thrombozyten) auch in generalisierenden Infektionen zumindest teilweise „gebraucht" werden.

Die Toxine stehen quasi als „Endprodukte" in der Pathogenese da, die nach der Kolonisierung und dem Eindringen die eigentliche schädigende Wirkung des Keimes ausspielen. Daß, evolutionär gesehen, die Toxine im Zusammenhang mit der Schaffung besonderer und neuer Nahrungsquellen zu sehen sind (z. B. das Hämolysin) zeigt, daß es Faktoren sind, die im Gleichgewicht Mikroorganismus — Makroorganismus wirken.

Fünfte Gruppe von Pathogenitätsleistungen: Plasmide kodieren

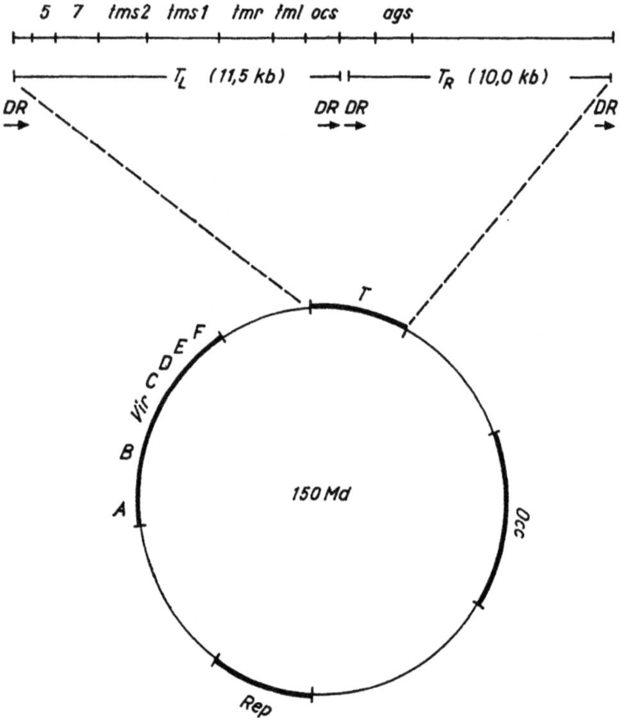

Abb. 35. Schematische Karte eines WHR-Ti-Plasmids von *Agrobacterium tumefaciens.*

WHR-Ti-Plasmide (das sind Ti-Plasmide, die bei einer Vielzahl von Pflanzenarten einen Wurzelhals-Krebs bedingen) unterscheiden sich von den LHR-Ti-Plasmiden und den Ri Plasmiden (Plasmide die nur bei einer begrenzten Artenzahl bzw. nur Haarwurzel-Krebs bedingen) hinsichtlich ihrer Plasmidgruppenzugehörigkeit als auch hinsichtlich der tumorbildenden DNA Sequenz (T-DNA). Während alle WHR-Ti-Plasmide eine konservierte, weitgehend identische T_L-Region aufweisen, auf der alle für die Tumorbildung notwendigen Gene (tms, tmr, tml) gekoppelt liegen und die T_R-Region ohne Bedeutung für die Tumorbildung bleibt, sind bei den LHR-Ti-Plasmiden und den Ri-Plasmiden die zur Tumorgenese notwendigen Gene auf beide Regionen „verstreut“.

vir — die Gene virA—virF kodieren für den Transfer, für den Wirtsbereich, für die Adhäsion und für die Integration der T-DNA, sie werden selbst nicht ins Pflanzengenom integriert.

tms1 — kodiert für die Synthese von Indolylessigsäure aus Indol-Acetamid.

tms2 — kodiert für die Synthese von Indol-Acetamid aus Tryptophan

Faktoren, die hormonähnlich die Fehlregulation verschiedener Stoffwechselvorgänge bedingen (Enterotoxine, Cardiotoxine etc.), z. B. kodieren Plasmide für die Bildung von LT-Enterotoxinen, welche über eine Stimmulierung der Adenylcyclase eine Erhöhung der Konzentration von cAMP in den Zellen des Zielorts hervorruft. Der erhöhte cAMP „pool" in den Epithelzellen des Dünndarms führt zu Fehlregulationen im Wasserhaushalt. Damit greift das LT Toxin über das cAMP in die Regulation der Wasseraufnahme und -abgabe durch die Epithelzellen ein und ruft einen Eflux von Elektrolyten und Wasser bei gleichzeitigem Stopp des Influx hervor. Diese konstitutive Ausscheidung von Wasser und Elektrolyten in das Darmlumen der betroffenen Menschen oder Tiere wird klinisch als Durchfall registriert, der bei fehlender Nachlieferung von Wasser und Elektrolyten bis zum lethalen Ausgang führen kann (z. B. bei der Cholera).

Eine besondere Form der Plasmidkontrolle von Leistungen, die zur Virulenz von Bakterien führt, ist bei einer Reihe von pflanzenpathogenen Arten (*Agrobacterium*-Arten) beschrieben worden. Bei diesen Bakterien treten transferable Plasmidspezies unterschiedlicher molekularer Größen (zwischen 120 und 200 Md) auf, die sogenannten Ti- und Ri-Plasmide, die ein Tumorwachstum bei verschiedenen zweikeimblättrigen Pflanzen, insbesondere von Obstbäumen bedingen. Solche plasmidhaltigen Agrobacterium-Arten (*Agrobacterium tumefaciens* erzeugt den Wurzelhalskrebs, *Agrobacterium rhizogenes* erzeugt den Haarwurzelkrebs) dringen in die interzellulären Räume von verwundeten Pflanzen ein und adhärieren an entsprechende Zellen (vgl. Adhäsion an tierische Zellen). Nach kurzer Zeit wird in einer Art Konjugationsvorgang das vorhandene Ti- oder Ri-Plasmid in die Pflanzenzelle übertragen und dort schnell bis auf eine etwa 25 kb große Region, die T-DNA Region, degradiert. Diese T-DNA Region integriert in das Genom der Pflanzenzelle bis zu 20 Kopien stabil an verschiedenen Stellen, wobei ein rechter Teil (T_R-DNA) und ein linker

---

tmr — kodiert für die Bildung von Isopentyl-5'-Adenosinmonophosphat (Zwischenschritt zur Bildung von Cytokinin)
tml — Gen zur Morphologie des Tumors
ocs — kodiert für die Octopin-Synthetase
ags — kodiert für die Agropin-Synthetase
occ — Gene für den Octopin-Katabolismus
DR — direkte Wiederholungen von 25 bp (direct repeats)

Teil (T_L-DNA) zu differenzieren ist, die auch separat im Genom der Pflanzenzelle auftauchen können. Bei einigen Plasmiden, den sogenannten WHR-Ti-Plasmiden (Abbildung 35) ist nur die T_L-DNA für die Tumorbildung zuständig, die T_R-DNA ist unbedeutend. Die T_L-DNA Region trägt die Gene tms, tmr und tml, die für die Bildung der Phytohormone Auxin und Cytokinin verantwortlich sind (Abb. 35). Diese zusätzlich vom T-DNA Bereich regulierte Phytohormonbildung ist für das Krebswachstum bzw. für das zu beobachtende Krankheitsbild zuständig.

Zusätzlich kodiert dieses T_L-DNA Segment auch für die „Umsynthese" von Arginin der Pflanzenzellen in Octopin durch Bildung der Octopinsynthetase bzw. in andere Opine durch andere Opin-Synthetasen. Octopine etc. werden nun ihrerseits durch Ti- oder Ri-Plasmide kodierte Enzyme katabolisiert (Abb. 35) und vom Wirtsbakterium als Kohlenstoff- und Stickstoffquelle genutzt. So parasitieren die plasmidhaltigen Agrobacterium Stämme an Stoffwechselleistungen der Wirtspflanze und verschaffen sich zusätzliche Nahrungsquellen. Interessant ist, daß die T-DNA von 25 bp langen direkten Wiederholungen flankiert wird (möglicherweise sowohl die T_L als auch die T_R Region jeweils seperat). Diese Wiederholungen von 25 bp sind für die Integration der T-DNA[1]) (vgl. S. 164) in das Pflanzengenom essentiell. Somit ähnelt die T-DNA einem Bakterium-Pflanzen Transposon. Essentiell für die Integration der T-DNA sind ebenso die Gene des Vir-Bereichs (Abb. 35), die darüber hinaus auch für den Transfer in die Pflanzenzellen, für die Adhäsion und für den Wirtsbereich der Wirtsbakterien kodieren. Diese Vir-Region, obwohl sie für die Tumorinduktion wichtig ist, wird nicht in das Pflanzengenom aufgenommen.

Diese bemerkenswerten Tatsachen, daß Plasmid DNA-Sequenzen in das Genom von Pflanzen integriert werden können, hat zu Überlegungen über deren Nutzung in der Gentechnik geführt, Solche Bakterien-Pflanzenvektoren könnten eine neue Ära in der gezielten Manipulation des genetischen Materials von Pflanzen und deren Nutzung in der Pflanzenproduktion einleiten (vgl. dazu Seiten 163).

Auch Plasmide von *Rhizobium*-Arten (die sogn. Sym-Plasmide), welche Knötchenbildung an Haarwurzeln (z. B. von Leguminosen) erzeugen können, müßte man im Zusammenhang mit dem Virulenzphänomen sehen, obwohl das Endresultat durch die Wirkung der

---

[1]) Bei der T_L-Region ist nur die rechte 25bp-Region essentiell.

gleichzeitig auf ihnen befindlichen nif-Gene (zur Stickstofffixierung) ein symbiontischer und kein parasitärer Zustand ist.

Obwohl bereits heute eine Vielzahl von plasmidkodierten Leistungen der Bakterienzelle bekannt sind, die für die Pathogenese bzw. Virulenz direkt verantwortlich sind, so kann man doch einschätzen, daß die Virulenzforschung erst am Anfang steht und daß man in den nächsten 5—10 Jahren eine Flut von plasmidkodierten Einzelfaktoren kennen lernen wird, die im Mosaik der pathogenen Potenz eines Stammes, eine wichtige Rolle, einen wichtigen Teilaspekt beitragen (vgl. 6.2.).

4.3. Die plasmidvermittelten metabolen Leistungen

Die Abbauleistungen von Bakterien (kataboler Stoffwechsel) sind von bemerkenswerter Breite und ökologischer Signifikanz. Es ist nicht verwunderlich, daß Plasmide dafür eine wesentliche genetische Ursache darstellen. Die Abbauleistungen, die Plasmide für ihre Wirtsbakterien kodieren, rangieren von der Fermentation von Zucker, Stärke, Proteinen bis zur Degradation von Kohlenwasserstoffen, wie Naphthalen, Oktan, Toluol, Xylol, bis hin zum Abbau solch stabiler Substanzen wie Nylon oder chlorierter Kohlenwasserstoffe, wie Pestizide (2,4 D) oder Herbizide (Tab. 14). Aus der Fülle der verschiedenen zum Teil sehr gut analysierten Abbauleistungen soll hier die *plasmidkodierte Fermentation der Raffinose*, die *Degradation von Naphthalin* und die *Depolymerisierung des Nylons* herausgegriffen werden.

Die Raffinose ist ein Trisaccharid, das aus Galaktose, Glukose und Fruktose besteht. Plasmide kodieren ein Raffinose-spezifisches Transportprotein (*rafB*), das für die Hereinschleusung der Raffinose arbeitet (Abb. 36). Das Gen *rafA* bildet eine α-Galactosidase und spaltet die Galaktose vom Molekül ab. Die Galaktose wird durch die chromosomal lokalisierten Gene (Gal-Operon) zu Glukose-1-Phosphat umgewandelt. Das Gen *rafD* determiniert die Bildung des Enzyms Invertase, welches die Saccharose in Glukose und Fruktose spaltet. Alle drei Gene sind im raf-Operon zusammengefaßt (Abb. 36), sie werden von direkten Wiederholungen des *IS1* flankiert. Eine bemerkenswerte Kopplung des raf-Transposons ist mit dem K88-Plasmid beobachtet worden (vgl. Tab. 13), was eine Beziehung zur Virulenz vermuten ließ. Jede besondere nutritive Leistung von Bakterien kann unter bestimmten Bedingungen für die Virulenz eines Stammes aus-

Tabelle 14
Einige von Plasmiden kodierte metabole Funktionen

Genprodukt	Bedeutung (Abbau)
Hg-Reduktase[1])	Detoxifikation von Sublimat
Hg-Lyase	Abbau von Organoquecksilber
Ph-Oxydase[2])	Phenolabbau
Ny-Hydrolase[3])	Spaltung von Nylon
α-Amylase	Fermentation von Stärke,
β-Galaktosidase	Milchzucker
Urease	Spaltung von Harnstoff
Proteasen	Proteinabbau
Caseinase	Proteinspaltung
Endonuklease	Spaltung von DNA
komplexe Enzymbildung[4])	Abbau von Toluol, Naphtalen, Octan, Xylol, Kampher, etc; chlorierten Kohlenwasserstoffen wie Antipyren, 2,4 D, Chloridazon; Abbau von Raffinose, Citrat, Saccharose, Lignin, etc.

[1]) Plasmide mit einer Quecksilberchlorid-Resistenz kodieren drei Proteine, ein 69K Protein, welches die Quecksilber-II-Reduktase darstellt; ein 15K Protein, welches für den Transport des Hg(II) in die Zelle verantwortlich ist und ein 12K Protein, welches das Repressormolekül für den mer-Operon darstellt. Das von der Reduktase reduzierte Hg^0 (metallisches Quecksilber) ist flüchtig, entweicht aus der Umgebung der Bakterien wodurch Wachstum eintreten kann. Einige Plasmide besitzen neben dieser Reduktasedeterminante (merA) eine Lyasedeterminante, die von Organo-Quecksilberverbindungen den Quecksilberkomplex vom Molekül abhängen und damit detoxifizieren kann (merB).
[2]) Phenol-Oxydase
[3]) Nylon-Hydrolase
[4]) weitere Detoxifikationen sind für Kupfer, Arsen, Tellurid, Silber, Cadmium und Wismut bekannt;
weitere plasmidbedingte Leistungen sind für die Bildung von Indolylessigsäure, Cytokinine, Methan, Gasvakuolenbildung, UV-Resistenz, Phagenresistenz, Bacteriocine, Microcine, Pigmentierungen (Carotinbildungen), H_2S etc. bekannt.

schlaggebend sein. Diese indirekt wirkenden Faktoren unterscheiden sich von den direkt wirkenden Pathogenitätsfaktoren wie Adhäsine, Toxine oder solchen Faktoren, die bakterizide oder bakteriostatische Verhältnisse (also bakterienfeindliche Bedingungen) überstehen helfen. In diesem Zusammenhang ist auch die durch Plasmide kontrollierte besondere Eisenaufnahme nicht als nutritiver Faktor anzusehen, da er die vom Makroorganismus aufgerichtete Barriere (Bildung von Transferrin) überwinden (vgl. 4.2.) hilft.

Von besonderer praktischer Relevanz sind die katabolen Leistungen der Plasmide zum Abbau von Kohlenwasserstoffen, besonders der schwer degradierbaren chlorierten Kohlenwasserstoffe (Tab. 14). Als Beispiel der von Plasmiden vermittelten schrittweisen Umsetzung einer stabilen Kohlenwasserstoffverbindung ist die Degradation des Naphtalins über Salicylsäure und Brenzkatechin zum Pyruvat und Acetaldhyd zu nennen, die sich direkt im Grundstoffwechsel verwerten lassen, (Tab. 15). Dadurch können Plasmide ihren Wirtszellen die Möglichkeit vermitteln, derartige Stoffe direkt als Kohlenstoffquelle zu nutzen und ihr Wachstum in derartig bakterienfeindlichen ökologischen Nischen zu garantieren. Das Plasmid NAH7 ist ein 56 Md großes, trans-

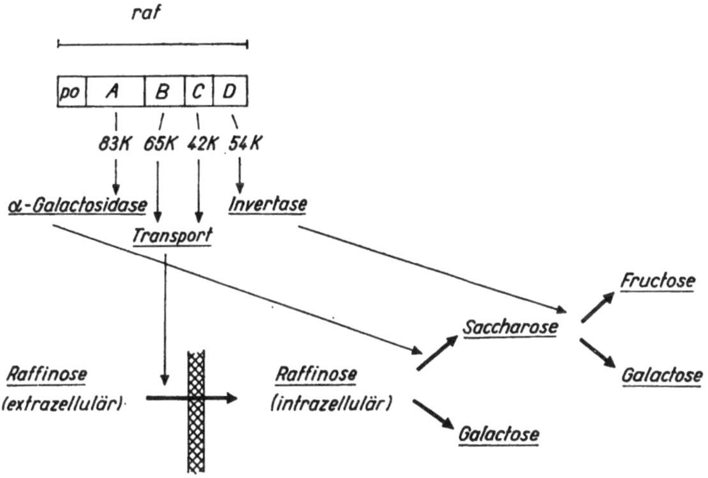

Abb. 36. Aufbau des plasmidlokalisierten Raffinose-Operons und Abbauweg der Raffinose. (Modifiziert nach Schmitt et al. 1979, in Timmis und Pühler (eds.) 1979).

ferables Plasmid der *Pa2* Gruppe (vgl. Tab. 5) und kodiert für 11 verschiedene Enzyme (Hydrolasen, Aldolasen, Decarboxylasen etc.). Dazu sind zwei Operons notwendig, von denen das *nah1* Operon (7—12 Md groß) den Abbau von Naphtalin bis zur Salicylsäure kodiert, das *nah2* Operon (ca. 6 Md groß) den Abbau von der Salicylsäure bis zum Pyruvat und Aldehyd kontrolliert. Überträgt man diese Plasmide auf *E. coli* K12-Stämme (ein konjugativer Transfer ist nur innerhalb der Ordnung *Pseudomonadales* möglich, so daß man andere Transfertechniken einsetzen muß), so sind die metabolen Gene nicht expressiv. Untersuchungen zur Anschaltung der Genexpression auch in anderen Bakterienwirten ist von

Tabelle 15
Leistungen des Pseudomonas Plasmids pAH7 (56 Md)

Gen	Enzym	Reaktionen
nah1-A	Dioxygenase	Naphthalin zu cis-Dihydrodiolnaphthalin
nah1-B	Dehydrogenase	cis-Dihydrodiolnaphthalin zu 1,2-Dihydroxynaphthalin
nah1-C	Dioxygenase	1,2-Dihydroxynaphthalin zu 2-Hydroxychromen-2-carbonsäure
nah1-D	Isomerase	2-Hydroxychromen-2-carbonsäure zu 2-Hydroxybenzalpyruvat
nah1-E	Aldolase	2-Hydroxybenzalpyruvat zu Salicylaldehyd und Pyruvat
nah1-F	Dehydrogenase	Salicylaldehyd zu Salicylsäure
nah2-G	Hydroxylase	Salicyclsäure zu Brenzcatechin
nah2-H	Dioxygenase	Brenzcatechin zu 2-Hydroxymuconsäure-semialdehyd
nah2-I	Dehydrogenase	2-Hydroxymuconsäure-semialdehyd zu 2-Hydroxymuconsäure
nah2-J	Tautomerase	2-Hydroxymuconsäure zu 4-Oxalcrotonat
nah2-K	Decarboxylase	4-Oxalcrotonat zu 2-Oxo-5-pentensäure
nah2-L	Hydratase	2-Oxo-5-pentensäure zu 2-Oxo-4-hydroxy-p-pentansäure
nah2-M	Aldolase	2-Oxo-4-hydroxy-p-pentansäure zu Pyruvat und Acetyldehyd

besonders praktischer Bedeutung im Zusammenhang mit der Abwasser- und Umweltreinigung durch solche plasmidhaltigen Bakterien (vgl. 7.1.).

Als eine besonders bizarre plasmidvermittelte degrative Leistung ist die Depolymerisation des Nylons zu nennen. Plasmide kodieren zwei Enzyme (Hydrolasen), die die zyklische Aminohexansäure spalten und in 6-Aminohexansäure umwandeln können (Abb. 37). Sie sind mit anderen entsprechenden Enzymen funktionell und serologisch nicht verwandt. Wichtig ist, daß die beiden dafür verantwortlichen Gene von ca. 2 Md großen invertierten Sequenzen flankiert werden, was wiederum auf die Entstehung durch „*gene pick up*“ hinweist.

Im Gegensatz zu den durch Plasmide vermittelten Antibiotikaresistenzen und Pathogenitätsfunktionen, die für Gesundheit von Mensch und Tier von großem Nachteil sind, läßt sich die Fülle der von Plasmiden kodierten katabolen Leistungen für industrielle Zwecke und für die Umweltreinigung zu großem Nutzen anwenden. Ihre konsequente genetische Bearbeitung ist daher neben der medizinischen eine zweite Säule der praktischen Bedeutung der Plasmidforschung (7.1.).

$CO-(CH_2)_5-NH$
$|\qquad\qquad |$
$NH-(CH_2)_5-CO$

(Nylon) zyklische Dimer-Hydrolase (EI)

$CO(CH_2)_5-NH_2$
$|$
$NH-(CH_2)_5)-COOH$

Oligomer-Hydrolase (EII)

$H_2H-(CH_2)_5\ COOH$

(6-Aminohexansäure)

Abb. 37. Die ersten zwei von Plasmiden kodierten Schritte zum Nylon-Abbau.

5. Ökologische Aspekte der Plasmidverbreitung

Durch den infektiösen Modus der Plasmidverbreitung (Konjugation, Mobilisierung, vgl. 3.2.) von Zelle zu Zelle einer Bakterienpopulation lassen sich Art-, Gattungs- oder Familiengrenzen überschreiten (Tab. 5, Abb. 18), wodurch prinzipiell alle Plasmidarten über ein breites Spektrum von Bakterienarten in zahllosen Kombinationen verteilt werden können. Manche Plasmidarten zeigen jedoch gewisse Präferenzen für bestimmte Bakterienwirte, wofür es bisher kaum genetische oder molekulare Erklärungen gibt. So kommen z. B. Angehörige der *FI*-Gruppe oder *FII*-Gruppe besonders in *E. coli* oder *Shigellen* vor; *I2* und *H1* Plasmide sind besonders häufig in *Salmonellen*, jedoch nie in Proteus-Stämmen anzutreffen, *C* Plasmide dagegen sind typisch für Vertreter des *Tribus Proteae*, für *Aeromonaden* oder für *Citrobacter* usw. Obwohl man experimentell alle Plasmide — wenn auch mit sehr unterschiedlicher Effektivität — auf die verschiedenen Bakterienarten übertragen kann und sie sich dort auch stabil über einen längeren Beobachtungszeitraum halten, muß es gewisse bevorzugte **Plasmid-Wirtsbeziehungen** geben. Der natürliche Wirtsbereich der verschiedenen Plasmidarten muß erwartungsgemäß unscharf sein, denn gerade in der Durchbrechung der bakteriellen Artschranken durch die Übertragbarkeit der verschiedenen Plasmide ist die eigentliche „Aufgabe" des Plasmidprinzips zu sehen (3.2.). Allerdings kann in Einzelfällen der Wirtsbereich strikt eingeschränkt sein, so können sich z. B. *I1* Plasmide nicht in *Proteus mirabilis, FI* Plasmide nicht in *Pseudomonas aeruginosa* replizieren. Andererseits lassen sich die Plasmide der Gruppe *Pa2* und *Pa6* nicht auf *E. coli* konjugativ übertragen, auch sind sie dort nicht expressiv. Eine strikte Barriere in der Plasmidverbreitung liegt zwischen den grampositiven und gramnegativen Bakterien (vgl. 3.2.3.), was offenbar mit der generell anders konstruierten Zellwand, aber auch mit einer andersartigen Wirtsreplikationsmaschinerie zusammenhängt. Auch ist der Austausch von Plasmiden zwischen gramnegativen Anaerobieren und Aerobieren unabhängig von der störenden Anaerobiose stark eingeschränkt, so daß auch diese ökologisch besonderen Bakteriengruppen ihre eigenen Plasmide austauschen.

Damit ist der ubiquitären **Plasmidzirkulation** in vivo eine gewisse Beschränkung auferlegt, auch hat sich herausgestellt, daß viele Plasmide ihre aktuelle Transferabilität regulativ erheblich reduzieren (Repression der Transfergene durch Repressorgene, Abschalten der Transfergene durch flip-flop-Regulation; vgl. 3.2. und 3.3.4.), was einerseits eine Frage der Ökonomie der Bakterienzelle, andererseits auch eine Frage der Stabilität der Plasmide sein kann.

Natürlich werden die verschiedenen Plasmidarten durch ihre bakterienrelevanten somatischen Funktionen und durch den Selektionsvorteil, den sie ihren Wirtsbakterien bieten, in ihrer Ausbreitung gefördert. Jedoch müssen andere, plasmideigene Besonderheiten ebenso wichtig sein, die einzelne Plasmide bevorteilen. So ließ sich z. B. in der DDR die Ausbreitung eines 60 Md großen Plasmids der Artzugehörigkeit „*OF*" verfolgen, welches eine Gentamicinresistenz vermittelte. Dieses Plasmid (*pIE584*, CmSmSuTpApGm) verbreitete sich vorwiegend in Stämmen von *E. coli, Citrobacter freundii, Klebsiella pneumoniae, Enterobacter cloacea, Serratia marcescens* unterschiedlicher geographischer, klinischer und epidemiologischer Herkunft (Abb. 45), obwohl im „internationalen" Angebot auch andere Plasmide (*C*, *FII*, *H2*) waren, die den Wirtsbakterien denselben Selektionsvorteil hätten bieten können. Diese bevorzugte klonale Verbreitung eines bestimmten Plasmids einer bestimmten Artzugehörigkeit unabhängig vom Selektionsdruck fällt bei ökologischen Untersuchungen zur Plasmidverbreitung deutlich auf. So sind Plasmide der Gruppen *M*, *C* und *FI* besonders häufig in Stämmen zu finden, die aus dem Krankenhausmilieu (pathogene, apathogene Bakterien) stammen, Plasmide der Gruppen *I1*, *N* und *W* treten in Stämmen aus dem landwirtschaftlichen Sektor besonders hervor; in der Darmflora gesunder Menschen sind besonders *FII*-Gruppen Plasmide anzutreffen usw. Jedoch lassen sich diese ökologischen Besonderheiten der Plasmidverbreitung nicht auf eine besondere, ubiquitäre Transferabilität der angesprochenen Plasmide zurückführen, da die promiskuen Plasmide der Gruppe *P* nicht zu den verbreitesten Spezies gehören, was man auf Grund ihres breiten Wirtsbereiches hätte erwarten können. Sie überwinden zwar leicht die „Grenze" zwischen Enterobacterien und Pseudomonaden, sind ansonsten aber in klinischen Stämmen recht selten anzutreffende Plasmide.

Die Plasmidverbreitung ist demnach sowohl von Eigenschaften der Wirtsbakterien als auch von Eigenschaften der Plasmidspezies abhängig, wobei der Selektionsdruck zugunsten bestimmter somatischer Funktionen zusätzlich wirkt. Ein wichtiger und für die tatsächlichen ökologischen Verhältnisse entscheidender Faktor muß in den verschiedenen, physikalischen „in-vitro"-Faktoren gesehen werden, die eine Plasmidverbreitung, d. h. die konjugative Übertragung der Plasmid-DNA von einer Donorzelle auf eine Rezipientenzelle unter Umweltverhältnissen erlauben.

In der belebten und unbelebten Umwelt bieten sich dazu zahlreiche gute Gelegenheiten für die Plasmide. Was das Nährstoffangebot für den energieaufwendigen Übertragungsprozeß betrifft, so herrschen in der Darmflora, im Abwasser (incl. Gülle), aber auch in Lebensmitteln, optimale Verhältnisse. Auch ist die notwendige Keimdichte, die für einen Zell-zu-Zell-Kontakt vorherrschen muß, unter diesen ökologischen Verhältnissen gegeben. Allerdings fehlt für die Darmflora eine ausreichend gute Versorgung mit Sauerstoff, so daß der Transfer der Plasmide im Darm (Intestinaltransfer) erheblich geringer verläuft als das z. B. in der Gülle oder im Abwasser (Stall, Toilette) der Fall ist. Aber auch in Feuchtregionen von Krankenhäusern, Toiletten, Ställen etc. herrschen Bedingungen, die eine konjugative Übertragbarkeit von Plasmiden gut erlauben. Plasmidtransfer kann aber auch in Lebensmitteln, Futtermitteln, Getränken etc. stattfinden; gerade hier können optimale Nährstoffe, Konzentrationen, Sauerstoffverhältnisse, Temperaturen vereint sein. Seit Jahren wurde immer wieder der Hinweis gegeben, daß zwar all diese Bedingungen

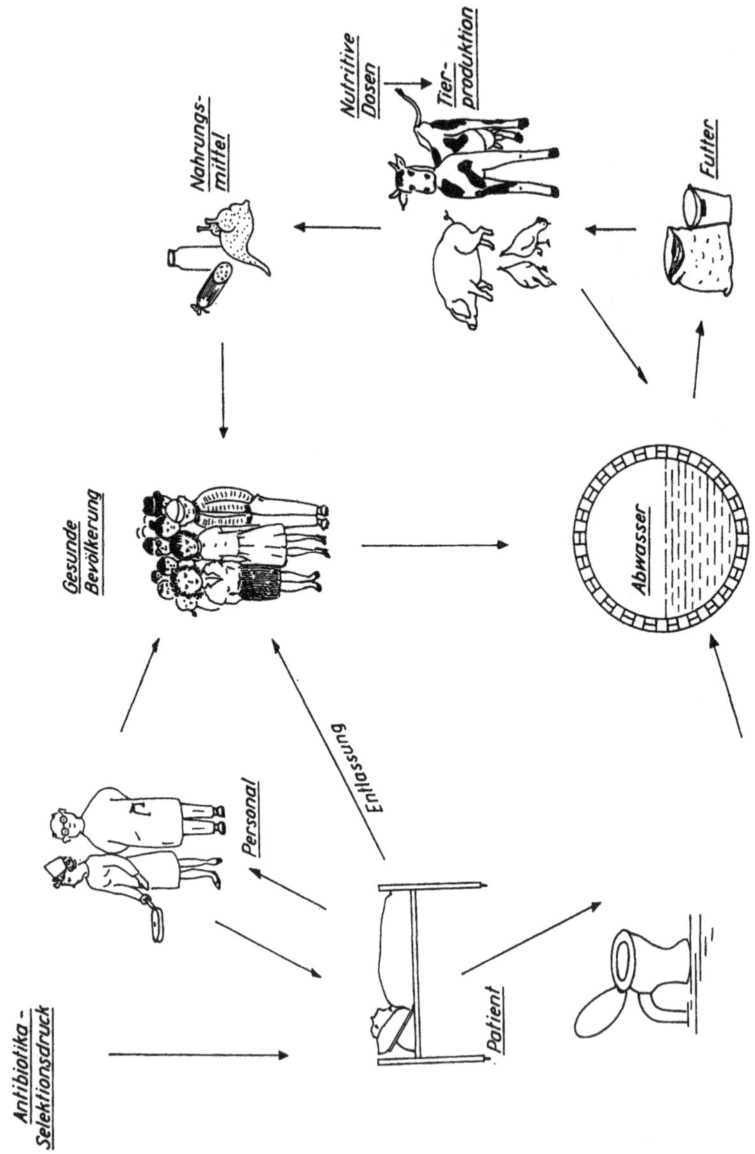

Abb. 38. „Kreislauf" der Plasmide und der plasmidhaltigen Bakterien in der Umwelt von Mensch und Tier. (Forts. Abb. 38, S. 119)

günstig sind, daß aber eine optimale Temperatur von 37 °C außerhalb von Mensch und Tier nicht zu erreichen ist. Abgesehen davon, daß die Temperaturen von Abwässern, Gülle u. a. zwischen 20 und 35 °C wenigstens zeitweise liegen können, hat sich herausgestellt, daß eine Reihe von Plasmiden verschiedener Artzugehörigkeiten eine optimale Konjugation nicht bei 37 °C, sondern bei 20, 25 oder 30 °C zeigen. Erst bei Temperaturen unter 10 °C ist ein konjugativer Transfer der Plasmide offenbar nicht mehr möglich. All diese Verhältnisse führen dazu, daß Plasmide sich von Zelle zu Zelle, von Population zur Population unter natürlichen Verhältnissen ausbreiten können. Das erfolgt besonders effektiv, wenn sie an einer „Stelle" des Kreislaufs durch Selektionsdruck (z. B. der Einsatz der Antibiotika in der Landwirtschaft, im Krankenhaus etc.; siehe Abb. 38) besonders stark gefördert werden. Solche Prozesse der Plasmidzirkulationen (Abb. 38) lassen sich am leichtesten dann nachweisen, wenn der Einsatz von Antibiotika noch nicht sehr lange und möglichst nur auf einen Anwender (Landwirtschaft, Tierproduktion, Pflanzenschutz, Veterinärmedizin, Humanmedizin etc.) begrenzt erfolgt. Mit Hilfe der Selektion der Wirtsbakterien auf antibiotikahaltigen Nährmedien und mit Hilfe der Plasmidtypisierung (vgl. Abb. 11) gelang es, die klonale Verbreitung einzelner Plasmide über verschiedene ökologische Nischen der Bakterien hinaus nachzuweisen.

Plasmide werden durch den Selektionsdruck, z. B. durch die verwendeten Antibiotika, selektiert und reichern sich in der betreffenden Bakterienpopulation an, z. B. in der Darmflora von Tieren (landwirtschaftliche Chemotherapeutika-Anwendung) oder der Menschen (Chemotherapie im Krankenhaus) (Abb. 38), weil sie unter diesen Verhältnissen ein Überleben ihrer Wirtsbakterien sichern. Dieser hohe Selektionsdruck führt zu einem quantitativen Überangebot an Plasmiden auch für andere Bakterienpopulationen anderer ökologischer Nischen, ohne daß ein Selektionsdruck herrscht und sie notwendigerweise in ihrer Ausbreitung unterstützt werden müssen. So gelangen z. B. die unter den Bedingungen der Tierproduktion selektierten plasmidhaltigen Bakterien mit

---

Plasmide werden an Orten mit hohem Selektionsdruck selektiert und verbreiten sich von dort aus auf andere Populationen (auch ohne Selektionsdruck gefördert).
Im Abwasser, in der Darmflora von Mensch und Tier kann es zum Austausch der Plasmide zwischen den verschiedenen Populationen kommen.

der Gülle und anderen Fäkalien ins Abwasser und Vorfluterwasser und kommen dort in Kontakt mit Bakterien des Menschen (Abb. 38). Sie können aber auch Lebensmittel (Milch, Fleisch, Wurst, Gemüse) kontaminieren und so die Darmflora des Menschen erreichen.

Sind Plasmide mit ihren Wirtsbakterien über die Nahrungskette zum gesunden Menschen „gelangt", dann können sie entweder von der residenten Darmflora übernommen werden oder aber „folgen" mit ihren Wirtsbakterien dem natürlichen „*turn-over*" und sind nach 48 Stunden wieder verschwunden. Eine Übertragung der plasmidhaltigen Bakterien von Mensch zu Mensch über die orale-fäkale Route (besonders unter Bedingungen sehr engen Kontakts) läßt Plasmide mit unterschiedlichen Subpopulationen von Bakterien der Darmflora in Kontakt treten und eine Weiterverbreitung ermöglichen. Plasmidhaltige Bakterien aus der Darmflora gesunder Menschen gelangen mit den Fäkalien in das Abwasser, treffen dort mit Bakterien aus anderen ökologischen Quellen zusammen, können ihre Plasmide austauschen und in veränderter Plasmid-Bakterienwirtkombination wieder in den Kreislauf eintreten (Abb. 38). Ein derartiger Kreislauf der Plasmidzirkulation (der jeweils begleitet wird durch die Verbreitung bestimmter plasmidhaltiger Bakterien), bedarf in seinen Einzelheiten weiterer eingehenderer Aufklärungen. Er läßt sich besonders dann gut untersuchen, wenn neue, und nur für einen Anwender bestimmte Antibiotika, in die Praxis eingeführt werden. Dann kann die Verbreitung der gegen diese neuen Antibiotika gerichteten Plasmide verfolgt und ihre verwendeten ökologischen Wege erkannt werden. Das war in den letzten Jahren mit der ausschließlichen Verwendung des Gentamicins im stationären Bereich (Krankenhaus) und mit dem Nourseothricin in der Landwirtschaft für ergotrope Zwecke der Fall. So konnte z. B. das Plasmid *pIE636*, (Tab. 5) ein 55 Md großes I2 Plasmid mit einer Sm-Sp-St Resistenz (*Tn1825*) (vgl. Tab. 18), erst in normalen Faecal-Coli-Stämmen der Gülle, dann in der Fäkalflora selbst (quantitatives Problem der Selektion), dann in der Darmflora der beschäftigten Tierpfleger, dann in der Darmflora der Angehörigen und schließlich nach einer längeren Periode der Ausbreitung auch in der Darmflora der gesunden Bevölkerung nachgewiesen werden, die keinen Kontakt mit der Tierproduktion hatten. Dieses Plasmid *pIE636* trat nicht nur in *E. coli* Stämmen mit unterschiedlichen serofermentativen und anderen klonalen Merkmalen (Plasmidmuster etc., vgl. 6.2., 7.2.) auf, sondern auch in verschiedenen Bakterienarten, die infektiöse Prozesse bei Tieren und Menschen erzeugen konnten. Diese Analysen bewiesen, daß im wesentlichen die Verbreitung der Plasmide selbst unabhängig von der Verbreitung der plasmidhaltigen Bakterienstämme für die in Abb. 38 skizzierten ökologischen Prozesse verantwortlich ist. Dieser ökologische Prozeß der Plasmidzirkulation in verschiedenen Bakterienpopulationen unterschiedlichster ökologischer Nischen erfolgt in der Regel unerkannt und unbeachtet vom Menschen. Erst wenn die Plasmide pathogene Bakterien in besonderen Kombinationen erreicht haben und es zu Therapieproblemen (6.1.) oder zu atypischen Infektionskrankheiten (6.2.) kommt, findet das Plasmidproblem volle Aufmerksamkeit. Daß die Bausteine bereits im **Vorfeld** vorhanden sind, die sich nur noch zu formieren haben, bleibt weitgehend von den antiepidemischen Maßnahmen ausgeschlossen.

Daher ist die Erkundung des „Vorfeldes" der Plasmide, die ökologische Plasmidzirkulation in apathogenen und harmlosen Bakterienpopulationen unterschiedlichster Nischen, eine wichtige Voraussetzung für die Analyse der Resistenzentwicklung (6.1.) und für die „*Montage*" von qualifizierten Bakterienklonen (Kap. 6.2.). Diese „Montage" von besonders ausgerüsteten und damit qualifizierten Bakterienklonen durch besonders optimale Kombinationen verschiedener Plasmide (Klonkonzeption vgl. 7.3.) erfolgt im Vorfeld, im Prozeß der Plasmidverbreitung, wie er in Abb. 38 modellhaft zusammengestellt ist. Eine weitere und detaillierte Aufklärung dieser Prozesse ist besonders wichtig, um das Aufkommen von Plasmiden, um das Auf und Ab bestimmter besonders qualifizierter Stämme kontrollieren und einschränken zu können.

Ob man die **Resistenzentwicklung** gegen Antibiotika oder das Phänomen des **Erregerwandels** und **wechsels** betrachtet, im Vorfeld dieser Entwicklung haben sich schon die Bausteine — die Plasmide — formiert, die für diese Probleme verantwortlich sind.

6. Die medizinische Bedeutung der Plasmide

Plasmide garantieren ihren Wirtsbakterien ein Höchstmaß an Flexibilität und Anpassungsfähigkeit, was sie durch eine infektiöse Ausbreitung, durch eine Kompatibilität gegenüber anderen Plasmidspezies und durch eine Kopplung heterologer DNA Sequenzen (zusätzliche genetische Information) erreichen können. Dadurch verschaffen Plasmide ihren Wirtsbakterien immer wieder neue

Möglichkeiten, sich den antimikrobiellen Strategien des Menschen (Chemotherapie, Impfwesen, Hygiene) zu entziehen. Sie sind somit zum Hauptproblem für die Bekämpfung, Zurückdrängung und Eradikation von bakteriellen Infektionskrankheiten geworden.

Die von den Plasmiden ermöglichte Anpassung der Bakterien an die therapeutischen und hygienischen Maßnahmen des Menschen zeigt sich in einer Veränderung der Keime und des Keimspektrums. Derartig veränderte Erreger von Infektionskrankheiten treten in den letzten Jahren immer häufiger auf und haben sowohl für die Klinik, für die epidemiologischen Analysen, als auch für die mikrobiologische Diagnostik eine Reihe von Problemen aufgeworfen. Sie werden vielfach mit den Begriffen **Erregerwandel** und **Erregerwechsel** umschrieben[1]). Unter Erregerwandel verstehen wir in diesem Zusammenhang die durch Plasmide determinierten Abweichungen vom „Normalstatus" im Eigenschaftsspektrum bestimmter Bakterienarten; z. B. ist *Salmonella typhi* ein Infektionserreger (Bauchtyphus), der durch die chemotherapeutische Anwendung von Chloramphenicol, Kanamycin/Ampicillin oder Trimethoprim/Sulfonamid-Kombinationen sowie durch eine Reihe hygienischer Maßnahmen als weitgehend beherrschbar gilt. Durch Aufnahme von R Plasmiden (z. B. solche der Gruppe H1) können „gewandelte" *Salmonella typhi* Stämme (Klone) als epidemiologisch bedeutsam in Erscheinung treten, die nicht mehr therapeutisch ohne Komplikationen zu kontrollieren sind.

Dagegen wird unter Erregerwechsel das Phänomen verstanden, daß neue, andersartige Erreger auftreten, die bekannte, klassische Infektionskrankheiten bedingen, z. B. wird die klinische Ruhr (Dysenterie) durch Bakterienstämme der Shigella-Gruppe hervorgerufen (*Shigella sonnei*, *Shigella flexneri*, *Shigella boydii*, *Shigella dysenteriae*); heute werden jedoch vielfach *E. coli*-Stämme von Ruhrpatienten isoliert, die eine besondere plasmiddeterminierte Ausrüstung zur „Dysenterie-Pathogenität" zeigen[2]) (6.2.) und klinisch gleiche, nicht eindeutig unterscheidbare Krankheitsbilder (Dysenterie) verursachen. Es hat sich also für das Krankheitsbild

---

[1]) In der Literatur sind diese Begriffe nicht einheitlich definiert und auseinandergehalten. Es wird deshalb hier eine eigene Abgrenzung gegeben.

[2]) Es läßt sich jedoch nicht ausschließen, daß die plasmidbedingten Ruhr-*E. coli*-Stämme schon immer existieren, lediglich erst in den letzten 20 Jahren durch verbesserte diagnostische Möglichkeiten erfaßt werden konnten.

der Ruhr ein Erregerwechsel von den Shigellen zu den *E. coli*-Bakterien ergeben.

Die besondere Situation des Erregerwandels und Erregerwechsels besteht darin, daß zwar taxonomisch die Bakterien unverändert erscheinen, daß aber ihre klinische Potenz, ihre besonderen Eigenschaften zum Unterlaufen der therapeutischen und hygienischen Maßnahmen durch einen unterschiedlichen Plasmidbesatz sehr verschieden sein können.

Unter einem medizinischen Aspekt erweisen sich daher die Plasmide für die epidemiologische und klinische Praxis unter folgenden Gesichtspunkten als beachtenswert:

- für die Chemotherapie bakterieller Infektionskrankheiten durch Bildung therapie-resistenter Bakterienstämme (R Plasmide) (6.1.),
- für die Klinik und Epidemiologie von bakteriellen Infektionskrankheiten durch „Synthese" von speziellen, besonders qualifizierten Epidemiestämmen (Klonen) (6.2.),
- für die epidemiologische Analyse bakterieller Infektionskrankheiten durch Verwendung der Plasmide als Qualitäts- bzw. Erkennungsmarker (Plasmidmusteranalyse und Klonkonzeption) (6.3., 7.2.),
- für die Pathogenese von bakteriellen Infektionskrankheiten durch Konversion neuer Pathogenitäts- und Virulenztypen (6.2.).

Die besondere medizinische Bedeutung der Plasmide kann jedoch nicht ohne eine Betonung der integralen Einheit von Wirtsstamm und Plasmidbesatz dargestellt werden, so daß in diesem Kapitel die eigenständige Darstellung der Plasmide verlassen werden wird und den plasmidtragenden Bakterien selbst besondere Aufmerksamkeit zu widmen ist.

6.1. Die Resistenzentwicklung gegen eine antibakterielle Therapie

Den bakteriellen Infektionskrankheiten, besonders in ihrem seuchenhaften Auftreten, konnte erst zu Beginn unseres Jahrhunderts durch eine Reihe von antimikrobiellen Strategien erfolgreich entgegengetreten werden (Chemotherapie, Impfwesen, mikrobiologische Diagnostik, Hygiene). Besonders der Konzeption einer chemotherapeutischen Bekämpfung von Infektionskrankheiten und der Entdeckung und Entwicklung der Antibiotika ist es zu verdanken, daß zur Zeit Seuchen und Infektionskrankheiten als beherrschbar gelten, und man zurecht von der **Chemotherapeutika-Aera** in der Medizin sprechen kann.

Der prompte Heilerfolg durch die Anwendung der Antibiotika führte zu der Vorstellung, daß die endgültige Zurückdrängung und Eradikation der bakteriellen Infektionskrankheiten nur noch eine Frage der Menge und des langfristigen Einsatzes dieser hochwirksamen Arzneimittel sein müßte.

Obwohl die Erfolge der **Chemotherapie** unbestritten überzeugend sind, ließen sich regelmäßig nach Einführung neuer Chemotherapeutika in die klinische Praxis therapieresistente Krankheitserreger finden, so daß man mit einer Eradikation von bakteriellen Infektionskrankheiten auf diesem Wege nicht mehr rechnen konnte. Man beobachtete seit den sechziger Jahren, daß gleichzeitig auch eine Resistenz gegen mehrere Antibiotika entstehen kann, obwohl die betreffenden Stoffe gar nicht zum unmittelbaren Einsatz gelangten. Bei dem Selektionsdruck durch den Einsatz der Antibiotika in der klinischen Praxis, in der veterinärmedizinischen Praxis (gegen bakterielle Tierseuchen), aber auch durch den Einsatz zu paratherapeutischen Zwecken (**Ergotropika** in der Landwirtschaft, Pflanzenschutzmittel, Konservenindustrie), der sich in verschiedenen Ländern auf hunderte bis tausende Tonnen dieser im Mikrogrammbereich wirksamen Arzneimittel beläuft, gab es für Bakterien nur eine Chance zum Überleben: Mobilisierung („Abrufen" bzw. „Einsatz") ihres Genreservepools, d. h., Einsatz der Plasmide als Träger der programmierten Anpassung zur Entwicklung von Antibiotikaresistenzen.

Wie Tab. 11 zeigt, gibt es gegen fast alle angewandten Chemotherapeutika plasmidbedingte Resistenzen (Ausnahmen sind z. B. die Chemotherapeutika, die sich von der Oxolinsäure ableiten, z. B. Nalidixinsäure). Die von den R Plasmiden vermittelten hocheffektiven Mechanismen der Resistenz ermöglichen es den Wirtsbakterien, das 50—500fache an Antibiotikakonzentrationen zu überstehen als es ihre sensiblen, plasmidfreien „Vorläufer" Stämme vermögen (vgl. Tab. 12) bzw. das 10—100fache der üblichen therapeutisch erreichbaren Konzentrationen zu ertragen.

Da die Chemotherapie bakterieller Infektionskrankheiten die wichtigste klinisch-therapeutische Maßnahme darstellt und den größten Teil der Arzneimittelkosten absorbiert, bedingt das Vorliegen einer plasmidvermittelten Therapieresistenz nicht nur einen **Therapiemißerfolg** und eine Verschlechterung des Gesundheitszustandes des betroffenen Patienten, sondern eine unnötige ökonomische Belastung durch Verlängerung von Bettenzeiten und eine ineffektive Verwendung teurer Arzneimittel. Aber auch Nebenwirkungen der Chemotherapeutika (z. B. Allergisierung) als zusätzliche gesundheitliche Belastung wiegen in diesem Falle besonders schwer. Es ist daher eine legitime Forderung der klinischen Mikrobiologie, der Bestimmung des Antibiogramms, d. h. der Bestimmung möglicher Antibiotikaresistenzen eines betreffenden Infektionserregers vor jeder Therapie eine besondere Aufmerksamkeit zu schenken und nur in lebensbedrohlichen Fällen auf eine „Blindtherapie" zurückzugreifen (vgl. weiter unten).

Als Konsequenz der plasmidbedingten Resistenzentwicklung der Bakterien begann die pharmazeutische Industrie neue Chemotherapeutika zu suchen und bekannte zu modifizieren (Antibiotika der zweiten, dritten und vierten Generation). Man war dabei vor allem von der Überlegung ausgegangen, daß man die „*Targetstellen*" der Resistenzenzyme auf den Antibiotika (z. B. die Acetylierungsstelle des Kanamycins) so chemisch „abdecken" müßte, daß zwar die antimikrobielle Wirkung voll erhalten oder gar gesteigert wird, daß aber die inaktivierenden Enzyme ihre Wirkung nicht mehr am Molekül verrichten können. Solche geschneiderten Antibiotika stehen nach wie vor im Mittelpunkt des therapeutischen Interesses und haben zu einem Wettlauf zwischen Resistenzentwicklung und neuen Antibiotika geführt.

Gerade auch für die Entwicklung von chemisch hergestellten Antimikrobiotika (Chemotherapeutika im eigentlichen Sinne) hatte man sich große Hoffnungen gemacht, daß eine gegen sie gerichtete Resistenz der Bakterien nur sehr wenig — wenn überhaupt — und sehr verzögert eintreten sollte. Solche Hoffnungen waren insbesondere mit der Entwicklung der **Sulfonamide** und des **Trimethoprims** verknüpft worden. Sulfonamide und Trimethoprim greifen selektiv in den Folsäurestoffwechsel der Bakterien ein, indem die Sulfonamide als Strukturanaloga der p-Aminobenzoesäure eine kompetetive Hemmung der Dihydropteroat-Synthetase durchführen, das Trimethoprim die Aktivität der Dihydrofolatreduktase blockiert (Abb. 33). Dagegen beeinflussen beide Chemotherapeutika den Folsäurestoffwechsel der höheren Organismen nur sehr wenig (man muß die 10^6fache Dosis anwenden), so daß pharmakologisch und therapeutisch günstige Voraussetzungen für ihren Einsatz als Therapeutika bestehen. Es war daher konsequent, die doppelte Blockade im Folsäurestoffwechsel durch die Sulfonamide und durch das Trimethoprim in Form eines Kombinationspräparats für einen synergistischen therapeutischen Zweck zu nutzen. In den letzten Jahren sind solche **Kombinationspräparate** weltweit zur Anwendung gelangt und sie galten als eine der idealsten Lösungen des Chemotherapieproblems: erstens waren sie durch die synergistische Wirkung von Sulfonamiden und vom Trimethoprim schon mit geringen Serum- und Gewebespiegelwerten antimikrobiell hochwirksam, was sich in einer sehr guten Verträglichkeit zeigte; zweitens lagen keinerlei Berichte über trimethoprimresistente bzw. gegen Kombinationspräparate resistente Bakterien vor; drittens glaubte man, daß durch Anwendung dieser Doppelblockade die mutative Entstehung von Resistenzen durch die notwendige „Doppelmutation" erschwert, wenn nicht gar ausgeschlossen sein müßte. Daher haben sich diese Kombinationspräparate in der klinischen und ambulanten Praxis vielfach zum Mittel der Wahl gegen eine Reihe von Infektionskrankheiten entwickelt und werden als Therapeutika breit und polypragmatisch eingesetzt. Obwohl die klinisch mikrobiologischen und pharmakologischen Voraussetzungen und Kalkulationen für die Trimethoprim/Sulfonamid-Kombinationstherapie sehr günstig waren, traten schon **1972** die ersten Trimethoprimresistenzplasmide (in England) auf und in den folgenden Jahren in anderen Ländern (Tab. 16). Dabei ist bemerkenswert, daß es sich um Plasmide unterschiedlicher Arten handelte, und daß eine gewisse typische Kombination von TpSmSp Resistenz als Phänotyp zu verzeichnen war. Auch in der DDR konnte das Auftreten und die Verbreitung von Tp-Resistenz-vermittelnden Plasmiden kontinuierlich verfolgt werden. Vor der Einführung (1975/76) des Kombinationspräparates in die klinische und ambulante Praxis gab es keine Bakterien mit entsprechenden Resistenzplasmiden. Erst 1979 traten R(Tp) Plasmide in klinischen Stämmen (HWI) auf, die schon 1978 aus *E. coli*-Stämmen des Abwassers als identische Plasmide nachzuweisen waren (vgl. dazu Abb. 38 und Kap. 5). Während in dieser ersten Phase der Resistenzentwicklung Plasmide ausschließlich der Gruppe *I5* auftraten, waren später Plasmide der verschiedensten Artzugehörigkeiten (*K*, *N*, *C*, etc. in Tab. 16) zu isolieren. Diese unterschiedlichen Plasmidarten wurden ebenfalls jeweils erst in apathogenen Bakterien des Abwassers und der Stuhlflora gefunden, später dann kamen sie auch in pathogenen Bakterien klinischer Herkunft vor (Urologie, Pädiatrie). Diese Beobachtungen unterstreichen die Diskussion in Kap. 5, daß offenbar erst ein gewisser Vorrat an Plasmiden mit Tp Determinanten in der belebten und unbelebten Umgebung der pathogenen Bakterien vorliegen muß,

Tabelle 16

Auftreten und Verbreitung von Plasmiden, die eine Therapieresistenz gegen Trimethoprim und Sulfonamide kodieren

Jahr	Land	Plasmidart	Resistenzdeterminanten
1972	England	W	TpSu
1973	England	I1	TpSmSu
		P	Tp
	Italien	M	TpSm
1974	Italien	N	TpSu
	Frankreich	FII	TpSuCmSm
	Frankreich	N	TpSuCmSmTc
	Frankreich	M	TpSuCmSmAp
1975	Italien	FII	TpSuCmSmTcAp
1976	Griechenland	M	TpSm
1977	England	N	TpSuCmSmTc
	England	C	TpSuSm
	England	FII	TpSuCmSmTcAp
	England	M	TpSuCmSmTcApKm
1978	DDR	I1	TpSuKmSm
1979	DDR	FII	TpSuCmSmTcAp
	DDR	U	TpSuSm
	DDR	M	TpSm
	DDR	H2	TpSuCmSmTcAp
	DDR	C	TpSuSm u. a.
	Ungarn	N	TpSuTcSm
	Ungarn	H2	TpSuCmSmTc
	CSSR	FII	TpSuCmSmTc
		M	TpSuSmKm
		C	TpSuSm

damit ihr konjugativer Transfer auf diese pathogenen Keime epidemiologisch bemerkt wird. Das Auftreten von sehr ähnlichen Resistenzdeterminanten (TpSmSp) auf allen beobachteten Plasmidarten (Tab. 16) weist auf das Vorkommen von Transposons hin, die zusätzlich zur Plasmidzirkulation an der Resistenzentwicklung beteiligt sind. Derartige Transposons mit Tp-Resistenzen sind weltweit bekannt (vgl. Tab. 10), und es ließ sich für die DDR zeigen, daß sich vorwiegend das *Tn1824* (Tab. 10) auf den Plasmiden ausgebreitet hat, welches mit dem *Tn7* verwandt ist.

Durch die Verbreitung vieler Plasmidspezies mit einer identischen Transposon bedingten Tp Resistenzdeterminante ist die Resistenzentwicklung gegen das Kombinationspräparat rapide vorangeschritten. Obwohl im Vergleich zu anderen plasmidbedingten Resistenzen gegen Antibiotika, wie z. B. gegen die Tetracycline, die seit vielen Jahren ein breites Einsatzspektrum in der Humanmedizin, Veterinärmedizin und Landwirtschaft finden, ist die Tp Resistenzentwicklung noch nicht so auffällig. Durch die vielfach unkritische Verwendung des Kombinationspräparates besonders in der ambulanten Praxis der Humanmedizin, hat sich ein unnötiger Selektionsdruck zugunsten solcher Plasmide aufgebaut.

Auch das Gentamicin galt über Jahre als eines der idealen Lösungen des Antibiotika-Therapie-Problems. Im Gegensatz zu den Kombinationspräparaten Trimethorpim/Sulfonamid bleibt das **Gentamicin** auf den klinischen Sektor beschränkt, so daß eine Resistenzentwicklung erwartungsgemäß anders erfolgen sollte. Das Gentamicin ist ein hochwirksames Antibiotikum der zweiten Generation aus der Gruppe der Aminoglykoside. Seine dosisabhängige bakterizide und bakteriostatische Wirkung sowohl auf ruhende als auch sich vermehrende Bakterien, seine breite antimikrobielle Wirksamkeit und seine schnelle Bioverfügbarkeit (schnelle Spiegelwerte) haben es vielfach zum Mittel der Wahl für die Chemotherapie von septischen Erkrankungen werden lassen. Durch das jahrelange Fehlen von gentamicinresistenten Varianten unter den Infektionserregern hat sich das Gentamicin zum Blindtherapeutikum bei lebensbedrohlichen Situationen qualifiziert, zumal seine hohe antimikrobielle Wirksamkeit in der Kombination mit Lactam- und Cephalosporinantibiotika noch synergistisch zu steigern war.

Obwohl schon 1970 vereinzelt Gentamicinresistenzplasmide beschrieben wurden (Tab. 17) galt das Gentamicin, besonders auch in der Kombination mit den Lactamantibiotika, über einen langen Zeitraum als stabil gegen eine Resistenzentwicklung. Erst Ende der 70er Jahre häuften sich Berichte über das Auftreten von Gentamicinresistenzplasmiden in pathogenen Bakterien (Tab. 17). In der DDR traten die ersten Plasmidarten mit Gentamicinresistenzdeterminanten nicht vor 1979 auf. Wie auch schon für die Trimethoprimresistenzplasmide festgestellt werden konnte, traten die ersten Gentamicinresistenzplasmide in der DDR erst in *E. coli*-Stämmen des Abwassers von Krankenhäusern und aus der Stuhlflora von hospitalisierten Personen auf, bevor sie seit

Tabelle 17
Gentamicinresistenzplasmide aus Enterobacteriaceae

Jahr	Land	Gruppe	Resistenz	Typ der Gentamicin-resistenz
1970	Frankreich	C	GmSuCmAp	ANT-2″
1971	Frankreich	M	GmSmSuTc	AAC-3(I)
	USA	FII	GmCmSmSuAp	ANT-2″
1974	England	FII	GmCmSuTcAp	ANT-2″
1976	England	M	GmCmSmSuTcApNm	AAC-3(I)
	Australien	M	GmCmSmSuTcApKm	AAC-3(I)
1977	USA	C	GmCmSmSuTcAp	AAC-3(I)
	Frankreich	W	GmApSuTp	AAC-3(II)
	Bulgarien	H2	GmCmSmSu	ANT-2″
1978	Bulgarien	C	GmSmSuAp	ANT-2″
	USA	M	GmCmSmSuTcApKm	AAC-3(I)
	CSSR	C	GmSmSuAp	ANT-2″
	Spanien	M	GmCmSmSuTcApKm	ACC-3(I)
	BRD	M	GmCmSmSuTcApKm	ACC-3(I)
	Frankreich	M	GmSmCmSuTcApKm	ACC-3(I)
1979	England	C	GmCmSuTc	ANT-2″
	BRD	H2	GmCmSmSuTcApKm	ANT-2″
	BRD	FI	GmCmAmAp	ANT-2″
	Griechenland	C	GmSmSuAp	ANT-2″
	DDR	M	GmCmSmSuTcApKm	ACC-3(I)
	DDR	C	GmSmSuAp	ANT-2″
	DDR	C	GmCmSmSuTpAp	ACC-3(II)
	DDR	D	GmCmSmSuTpAp	ACC-3(II)
	DDR	W1	GmSu	ANT-2″

1980/81 mit steigender Tendenz in klinisch bedeutsamen Enterobacteriaceae aus Harnwegsinfektionen und Septikämien vorkamen (Abb. 39, Tab. 17). Dabei ist bemerkenswert, daß der schnelle Anstieg in der Inzidenz von Gentamicinresistenzplasmiden in Abwasserstämmen und in Patientenstämmen ausschließlich durch die Verbreitung des *M* Plasmids pIE556 bedingt war (vgl. Tab. 5, Tab. 17). Obwohl die Verbreitung von Gentamicinresistenzplasmiden in pathogenen Bakterien noch keine therapeutisch bedenkliche Situation insgesamt gebracht hat, konnten doch in Einzelfällen bereits Therapieprobleme von erheblicher klinischer Konsequenz registriert werden. Auf einer Intensivtherapiestation eines Bezirkskrankenhauses hatte sich unter dem herrschenden Selektionsdruck durch eine Gentamicin/β-Lactamantibiotika-Therapie eine Standortflora (*E. coli*, *Citrobacter freundii*, *Klebsiella pneumoniae*) mit Gentamicinresistenzplasmiden (CmSmSuApTpGm) der Gruppen *OF*, *C* und *D* aufgebaut (vgl. *pIE*584, Abb. 45, Tab. 5, *pIE580*, *pIE544*), die auch als Reservoir

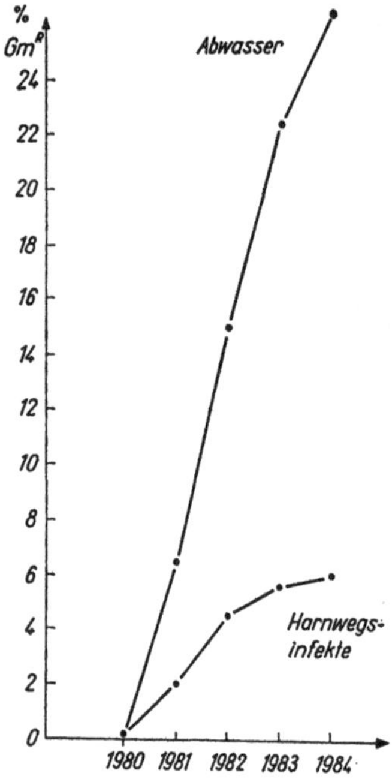

Abb. 39. Inzidenz von Gentamicinresistenzplasmiden in Enterobacteriaceae aus dem Abwasser und aus Harnwegsinfektionen.

für eine Reihe von Krankenhaus-aquirierten Infektionen diente. Dadurch entstand in solchen Einrichtungen der Eindruck, daß die übliche Gentamicin-Therapie bzw. die Gentamicin/β-Lactamantibiotika-Therapie nicht mehr funktionieren würde, und man auf neue Antibiotika umsteigen müsse. Die unter klinischen Verhältnissen üblich gewordene „*Notfall-Therapie* mit einer Gentamicin/β-Lactamantibiotika-Kombination kann bei Beachtung einer sinnvollen Strategie im Umgang mit diesen Antibiotika und einer reduzierten Anwendung bei gleichzeitiger mikrobiologischer Überwachung einer möglichen Resistenzentwicklung noch erfolgreich weiter erhalten bleiben. Eine solche Überwachung muß sich insbesondere um die zirkulierenden Gentamicinresistenzplasmide kümmern und dem Therapeuten eine gesicherte Auskunft darüber geben können, wie die aktuelle Resistenzsituation einzuschätzen ist. Daraus könnte sich begrenzt für eine bestimmte Einrichtung ergeben, ob der Einsatz von Gentamicin bzw. Gentamicin/β-Lactamantibiotika sich noch als sinnvoll erweist.

Für die Resistenzentwicklung gegen Trimethoprim/Sulfonamide und gegen Gentamicin bzw. Gentamicin/β-Lactamantibiotika ist ein weltweit herrschender Selektionsdruck zugunsten der Verbreitung verschiedener Plasmide zu konstatieren. Man kann daher nicht ausschließen, daß eine überregionale, d. h. grenzüberschreitende Plasmidzirkulation das Aufkommen von Gentamicin- und Trimethoprimresistenzplasmiden in einem bestimmten Land fördert. Für die Resistenzentwicklung gegen die Streptothricine kann man jedoch festhalten, daß sich ihre Plasmide unabhängig von Einflüssen aus anderen Ländern durch einen Selektionsdruck nur in einem Land ausgebreitet haben. Daher sind für diese Plasmide besonders klar und ungestört die Ausbreitungswege und ökologischen Prozesse zu untersuchen, zumal Streptothricine nur in einem Anwendungsgebiet (Tierproduktion) eingesetzt werden.

Streptothricine stellen eine eigene Stoffklasse von Antibiotika (Abb. 32) dar und finden erst seit kurzer Zeit Anwendung in der Landwirtschaft. Vor dem Einsatz dieser Antibiotika ließen sich in langfristig und umfangreich angelegten ökologischen Untersuchungen keine Plasmide finden, die in der Lage waren, gegen diese Stoffklasse eine Resistenz auszuprägen. Jedoch tauchten Plasmide mit Streptothricinresistenzdeterminanten nach längerem Einsatz (etwa 2 Jahre) in Enterobacteriaceae auf (Tab. 18), die sich seit dieser Zeit kontinuierlich verbreiten. Es handelt sich um verschiedene Plasmidarten, die alle die gleiche Resistenzfunktion — eine Streptothricin-Acetyltransferase — auszuprägen in der Lage sind (Tab. 18). Diese Streptothricin-Acetyltransferase (SAT) war ein bis dahin unbekanntes Enzym im Spektrum der verschiedenen Resistenzfunktionen, lediglich lagen Berichte über solche Enzyme aus einigen Streptothricinbildnern (Streptomyceten) vor. Bemerkenswert ist, daß dieses neue Gen für die Streptothricinresistenz auf einem Transposon (*Tn1825*) vorkommt, welches zur *Tn7* Familie gehört und sich vom bekannten Tn7 durch eine 1,2 kb große Substitution des *DHFR* Gens (Tab. 10) durch das *SAT* Gen unterscheidet. Das cryptische Vorkommen des *SAT* Gens auf dem *Tn7* konnte experimentell ausgeschlossen werden.

Tabelle 18

Auftreten und Verbreitung von Plasmiden mit Streptothricinresistenz determinanten (Tn1825)[1]) in der DDR

Jahr[2])	Plasmidgruppe[3])	Resistenzen
1981	—	—
1982	I2	Sm Sp St[1])
	W3	Sm Sp St
	N	Sm Sp St
	Q	Sm Su Km St
1983	I1	Sm Sp St
	H2	Sm Sp St Cm Tc Km Ap Tp
	FII	Sm Sp St
	X1	Sm Sp St
1984	FI	Sm Sp St
	FII	Sm Sp St Ap
	I1	Sm Sp St Tc
	I1	Sm Sp St Km
	X2	Sm Sp St
1985	M	Sm Sp St
	D	Sm Sp St

[1]) Das Transposon Tn1825 (8,8 Md groß) wurde auf allen diesen Plasmiden, außer auf dem IncQ Typ, nachgewiesen. Es ähnelt dem Tn7 auffallend, kodiert wie dieses für eine Sm Sp Adenylyl-Transferase AAD-3" (vgl. Tab. 11), besitzt aber anstelle des DHFR Gens (Tab. 11, Abb. 33) das Gen für die Streptothricin-Acetyltransferase.

[2]) Vor dem Jahr 1982 konnten in einem ausführlichen Untersuchungsprogramm keine Streptothricinresistenzplasmide gefunden werden.

[3]) Zu den Größen dieser Plasmide siehe Abb. 3 bzw. Tab. 5.

Diese Streptothricinresistenzplasmide waren zuerst in *E. coli*-Stämmen der Darmflora der nutritiv behandelten Tiere nachzuweisen, später konnten die identischen Plasmidtypen auch in der Darmflora der Beschäftigten, der Angehörigen der Beschäftigten, von gesunden Menschen ohne Kontakt mit der Tierproduktion und sogar in uropathogenen *E. coli*-Stämmen (Erreger von Harnwegsinfektionen) gefunden werden (z. B. das Plasmid *pIE636* vgl. Abb. 38). Durch Charakterisierung der serofermentativen Eigenschaften und durch die Plasmidmusteranalyse der isolierten *E. coli*-Stämme (vgl. 7.2.) konnte die Plasmidzirkulation, weniger die klonale Ausbreitung einzelner Streptothricinresistenzplasmidhaltiger Stämme nachgewiesen werden. Da die Streptothricine für therapeutische Zwecke beim Menschen nicht verwendet werden, kommt der Ausbreitung dieser Plasmide auf humanpathogene Stämme keine praktische Bedeutung zu, jedoch zeigen diese Untersuchungen modellhaft, daß ohne Selektionsdruck und ohne Ko-Selektion eine Plasmidzirkulation stattfinden kann. (vgl. Kap. 5 und Abb. 38).

Die Verbreitung der Resistenzplasmide in pathogenen Bakterien hat in den letzten Jahren immer häufiger zu Therapieversagern geführt. Therapieversager bringen dort klinische Probleme mit sich, wo durch Mehrfachresistenzen das verwendbare Spektrum der Antibiotika empfindlich oder gänzlich eingeschränkt ist, oder wo therapieresistente Stämme bei solchen Krankheiten auftauchten, bei denen bestimmte Antibiotika das Mittel der Wahl sind, z. B. das Chloramphenikol gegen den Bauchtyphus, Lactamantibiotika gegen die Meningitis im Kindesalter etc. So traten z. B. in Vietnam *Shigella dysenteriae*-Stämme epidemisch auf, die alle durch ein B-Gruppen Plasmid die Resistenzen gegen *CmSmSuTcKm* und *Ap* besaßen. Damit war eine chemotherapeutische Kontrolle der Epidemie mit den klassischen Antibiotika nicht mehr gegeben, und man mußte zu teuren, kostspieligen Antibiotika greifen, was eine Reihe ökonomischer Probleme mit sich brachte. Auch die „Übernahme" eines *C*-Gruppen Plasmids mit einer Antibiotikaresistenz gegen *CmSmSuTpApGm* durch einen pathogenen *E. coli* Menigitis-Erreger (O18 : K1 : H7; Hyd, ISS) führte auf einer Neugeborenenstation zu Therapieversagern (Kombination von Gentamicin und Ampicilin) und der Notwendigkeit, auf die teueren Antibiotika Amikacin und Cefotiam „umzusteigen". Erst durch den Einsatz dieser Reserveantibiotika, verbunden mit strengen hygienischen Maßnahmen, konnte eine Epidemie größeren Ausmaßes verhindert werden.

Diese wenigen Beispiele zeigen, daß eine chemotherapeutische Behandlung von Infektionskrankheiten beim Vorliegen von resistenten Erregern kompliziert oder gar unmöglich geworden ist bzw. erhebliche Kostensteigerungen mit sich bringt. Wenn einer chemotherapeutischen Lösung der plasmidverursachten Resistenzprobleme von seiten der molekularen und genetischen Kenntnisse der Plasmide kaum eine Chance eingeräumt werden kann, d. h. die immer neu auf den Markt gebrachten Antibiotika selektieren immer wieder für neue Antibiotikaresistenzfunktionen, so müssen andere Maßnahmen zur Rettung der Antibiotika-Ära geschaffen werden. Diese liegen in einer grundsätzlich anderen Einstellung gegenüber diesen hochwirksamen Arzneimitteln, die von den Nutzern (Ärzte, Tierärzte, Landwirte) nicht als Wunderdroge mit polypragmatischer Indikationsstellung eingesetzt werden dürfen. Es muß zu einer wissenschaftlich begründeten Anwendung der Chemotherapeutika kommen (Indikation, Kontraindikation), wobei eine enge Stützung durch die Klärung des ätiologischen Agenz verbunden mit der Bestimmung des Antibiogramms (d. h. Ermittlung der Antibiotika, die für den betreffenden Stamm am wirksamsten sind) vorzunehmen ist. Es muß eine Systematisierung der einzusetzenden Chemotherapeutika erstellt werden (Rangfolge) zu welchen Zwecken, wie und welche Stoffgruppen gegen welche bakteriellen Infektionskrankheiten der Menschen, der Tiere und der Pflanzen angewendet werden sollen, bzw. welche Chemotherapeutika auf den landwirtschaftlichen Sektor für paratherapeutische Zwecke beschränkt bleiben müssen. Dabei ist von medizinischer Sicht besonders der „Blindtherapie" höchste Aufmerksamkeit und Priorität zu schenken, da sie in lebensbedrohlichen Fällen mit größtmöglicher Sicherheit die richtige Wahl an wirksamen Antibiotika treffen muß. Das ist nur möglich, wenn solche Regime durch eine kontinuierliche Überwachung der Resistenzentwicklung, d. h. der Überwachung der Ausbreitung der verschiedenen R Plasmide bei den unterschiedlichen Bakterienarten erfolgt.

Ein solches System von Überwachungsaufgaben, administrativen Maßnahmen, Therapieempfehlungen und Einsatzentscheidungen muß gesamtstaatlich organisiert und international abgestimmt sein. Es muß auf klinisch-mikrobiologischen, ökologischen (Vorfeld), epidemiologischen (welche R Plasmide zirkulieren in welchen Stämmen, in welchen ökologischen Nischen) und genetischen (welche Plasmidtypen) Untersuchungen fußen und zur Entscheidungsfindung staatlicher Gremien sowie einzelner Einrichtungen des Gesundheitswesens und der Landwirtschaft zur Verfügung stehen. Ein derartiges System wird als **Chemotherapeutika-Strategie** bezeichnet und ist z. B. für die DDR seit Jahren etabliert worden (Abb. 40). Dabei ist einer Schaukelstrategie der Vorzug zu geben, die auf einer entsprechend breiten Palette von verfügbaren Antibiotika und einer ständigen Überwachung der Resistenzentwicklung basiert. Die Schaukelstrategie geht davon aus, daß nach völligem Absetzen eines bestimmten Antibiotikums von der Einsatzpalette eine diesbezügliche Resistenz durch fehlenden Selektionsvorteil immer mehr aus der Population verschwindet, so daß man nach einer gewissen „Wartezeit" das Antibiotikum wieder günstig verwenden kann. Diese Schaukelstrategie, über deren Richtigkeit heute noch divergierende Meinungen und zu wenig experimentelle, d. h. ökologische Fakten zur Stützung vorliegen, würde dem Wettlauf zwischen der Resistenz und der

Neuentwicklung immer teuerer Antibiotika ein Ende bereiten und damit auch zur Kostenabbremsung in Humanmedizin, Landwirtschaft und Veterinärmedizin beitragen.

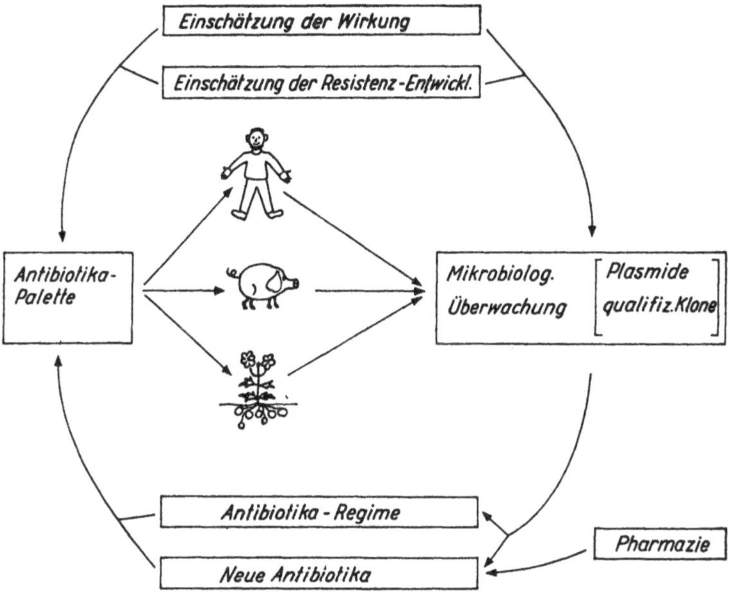

Abb. 40. Schematische Darstellung der Chemotherapeutika-Strategie. Auf der Grundlage der mikrobiologischen Überwachung und der sich daraus ergebenen Einschätzung zur Resistenzentwicklung wird die Antibiotika-Palette für den Einsatz in der Humanmedizin (Mensch), Veterinärmedizin (Tier) und für die Landwirtschaft (Tierproduktion, Pflanzenproduktion) bestimmt. Gleichzeitig erfolgt eine Beurteilung und Verteilung für die neu aufzunehmenden Antibiotika und Chemotherapeutika.

6.2. *Das „Zusammenbauen" von klinisch bedeutsamen Stämmen (die Zirkulationshypothese in der Epidemiologie und klinischen Mikrobiologie)*

Die Mobilität der Plasmide, d. h. ihre Zirkulation in verschiedenen Bakterienpopulationen, bedingt, daß einzelne von ihnen kodierte Merkmale wie Toxinbildung, Adhäsine, Hydroxamatbildung, Antibiotikaresistenz, Serumresistenz etc. (vgl. Tab. 11, 13. 14) innerhalb und zwischen verschiedenen Bakterienpopulationen ausgetauscht werden können. Ein *E. coli*-Stamm z. B. der normalen gesunden Darmflora kann verschiedene Plasmide in vivo aufnehmen (vgl. 5.), die ihn zu einer bestimmten besseren Anpassung an die ihn umgebende Umwelt qualifizieren. Handelt es sich z. B. um R Plasmide, so wird der *E. coli*-Stamm einem möglichen Selektionsdruck durch Antibiotika (Einsatz von Chemotherapie z. B.) widerstehen können, er kann sich unter dem „Schirm" seines Plasmids anreichern und kolonisieren. Handelt es sich um Plasmide, die Virulenzeigenschaften kodieren, so wird der betreffende *E. coli*-Stamm zur Toxinbildung, zur Überwindung antimikrobieller Barrieren, zur Invasion oder zum Überleben unter bakteriziden Bedingungen qualifiziert, was ökologisch neue Nischen oder Nahrungsquellen eröffnen hilft. Da Plasmide der unterschiedlichen Artzugehörigkeiten sich gegenseitig in einer Zelle tolerieren (vgl. Kompatibilität unterschiedlicher Replikationsmechanismen, Kapitel 3.1.), kommt es zu einer „friedlichen Koexistenz" verschiedener Plasmidarten ohne gegenseitige Störungen der Expression der plasmidkodierten Funktionen. Die Anzahl der verschiedenen Plasmide in einer Zelle ist offenbar apriori unbegrenzt und kann experimentell zumindest bis an die Kapazität der Syntheseleistung der Zelle getrieben werden. Durch diese Koexistenzfähigkeit der unterschiedlichen Plasmidarten und durch ihre infektiöse Ausbreitung (Plasmidzirkulation) kommt es, daß sich Plasmide mit verschiedenen somatischen Leistungen in einer Zelle einfinden und sich in einer Art Baukastenprinzip die jeweils nötige, für die momentane Situation und Aufgabenstellung günstigste „Mischung" von Leistungen und Eigenschaften der Wirtsbakterien ergibt. Das Konzept der Zirkulation und Koexistenz der Plasmide erlaubt es, ständig neue Kombinationen durchzuprobieren, deren Verwendbarkeit durch den jeweils herrschenden Selektionsdruck bestimmt wird. Dieses plasmidale Zirkulationsprinzip der bakteriellen Variabilität erlaubt den Aufbau und die Ausrüstung einzelner Klone bzw. besonders qualifizierter Epidemiestämme (Krankheitserreger), die geographisch und zeitlich eine weite Ausbreitung erfahren (Klonkonzept in der Bakteriologie und Epidemiologie, vgl. Kapitel 6.3.), jedoch wieder völlig aus der Population verschwinden können, wenn der sie begünstigende Selektionsdruck nachläßt. Die einzelnen Bausteine jedoch, die Plasmide, bleiben in Einzelexemplaren der Population erhalten, weil ein spezieller antimikrobieller Druck nicht gegen sie selbst, sondern nur gegen ihre in einem Bakterienstamm (Klon) vereinte Kombination wirkt. Diese einzelnen Bausteine finden sich durch Plasmidzirkulation in neuen Kombinationen, in neuen Wirtsstämmen wieder zusammen, wodurch sich klonal verschiedene Wirtsstämme in klinischer und epidemiologischer Hinsicht (Resistenz, Pathogenität) sehr ähneln können (Abb. 41). Diese Betrachtungsweise wird als die Zirkulationshypothese in der klinischen Mikrobiologie und Epidemiologie bezeichnet (Abb. 41). Die

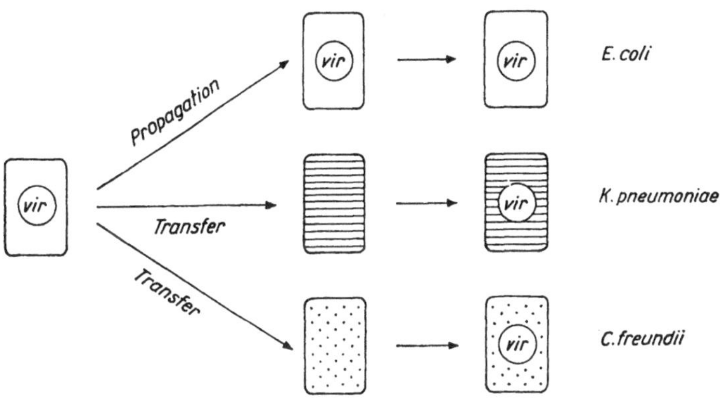

Abb. 41. Schematische Darstellung der Zirkulationshypothese.
Das Plasmid „Vir" kann durch Transfer von *E. coli* auf andere Bakterien (Klebsiellen, Citrobacter) die gleiche typbestimmende Qualität übertragen. Dadurch entstehen taxonomisch verschiedene Stämme, die alle durch eine gleiche, z. B. klinisch bedeutsame Virulenz ausgezeichnet sind.
Typbestimmende Plasmide sind besonders für Shigellen, Salmonellen und Yersinien bekannt.
Auch das Aerobactinplasmid von *E. coli* gehört zu den typbestimmenden Plasmiden (vgl. Abb. 43).

Zirkulationshypothese lehrt, daß durch Plasmidzirkulation die unterschiedlichsten Stämme verschiedener serofermentativer oder taxonomischer Zugehörigkeiten von einem „gleichen Plasmidprinzip" zu gleicher Leistung hinsichtlich ihrer klinischen oder epidemiologischen Potenz konvertiert werden können (Abb. 41). Dieses Prinzip zirkulierender Plasmide und die damit verbundene Konversion unterschiedlicher Wirtsstämme zu gleichen klinisch bedeutsamen Leistungen läßt sich besonders gut für die sogenannten **typenbestimmenden Plasmide** (siehe weiter unten, Tab. 21), aber auch experimentell durch in vitro Konstruktion solcher

Stämme nachweisen (Abb. 42). Aus einem *E. coli*-078 : H12-Stamm, der eine Cholera-ähnliche Durchfallepidemie in Äthiopien verursachte, ließen sich zwei Plasmide isolieren, das LT-Enterotoxinplasmid *pIE454* und das CFAI/ST-Enterotoxin Plasmid *pIE551*. Die CFAI-Fimbrien verursachen die Adhäsion der *E. coli*-Bakterien an die Dünndarmzellen, die LT und ST Enterotoxine (vgl. Tab. 13) die Fehlregulation im Wasserhaushalt der Patienten. Diese Komposition beider Plasmide bewirkt für das Wirtsbakterium (den *E. coli* 078 : H12-Stamm) eine spezifische Kolonisation und damit Anreicherung im oberen Dünndarmabschnitt durch die CFAI-Fimbrien, bewirkt einen schnellen und rapiden Wasserverlust durch die ST Toxine (die ST Toxine wirken sofort innerhalb weniger Stunden, ihre schnelle Eflux-Induktion klingt jedoch ebenso schnell wieder ab) und bewirkt eine „Langzeit-Depot"-Induktion des Eflux von Wasser und Elektrolyten durch die LT Enterotoxine. Das dadurch entstandene klinische Bild eines profunden Durchfalls kann mit erheblichen Konsequenzen verbunden sein, wenn durch Unterernährung bzw. durch fehlende Möglichkeiten der Rehydration klinische Komplikationen hinzukommen. Beide Plasmide, *pIE454* und *pIE551* (Abb. 42), sind autotransferable Plasmide (für *pIE551* trifft die in 3.3.3. diskutierte „flip-flop"-Regulation der Transferabilität zu) und lassen sich experimentell auf eine Reihe anderer Arten und Stämme der Enterobacteriacae übertragen, die sehr unterschiedliche Fähigkeiten zur Expression der von den Plasmiden kodierten Virulenzfaktoren zeigen. So konnte ein plasmidfreier *E. coli*-Stamm aus der Darmflora eines gesunden Menschen isoliert werden (IE925), der durch Aufnahme beider Plasmide in einen enterotoxinogenen Durchfallerreger zu konvertieren war und das Dreifache an Enterotoxinbildung gegenüber dem originalen Epidemiestamm IE923 und eine gute CFAI-Fimbrienausbildung zeigte. Dagegen war mit einem ebenfalls aus der Darmflora gesunder Patienten stammenden plasmidfreien *E. coli* 078 : H^--Stamm nur eine sehr schwache Bildung von LT Enterotoxinen nachzuweisen gewesen. Solche Beobachtungen an experimentell hergestellten Bakterien unterstützen die in der Natur durch epidemiologische und mikrobiologische Analysen getroffenen Feststellungen, daß offenbar besondere, optimale Wirtsbakterien-Plasmid-Kombinationen vorliegen müssen, um besondere, über die anderen herausragende Klone entstehen zu lassen. Das erklärt auch, warum unter epidemiologischem Material, z. B. der enterotoxinogenen *E. coli*-Stämme (ETEC), nur ein bestimmtes Spektrum von serofermentativen

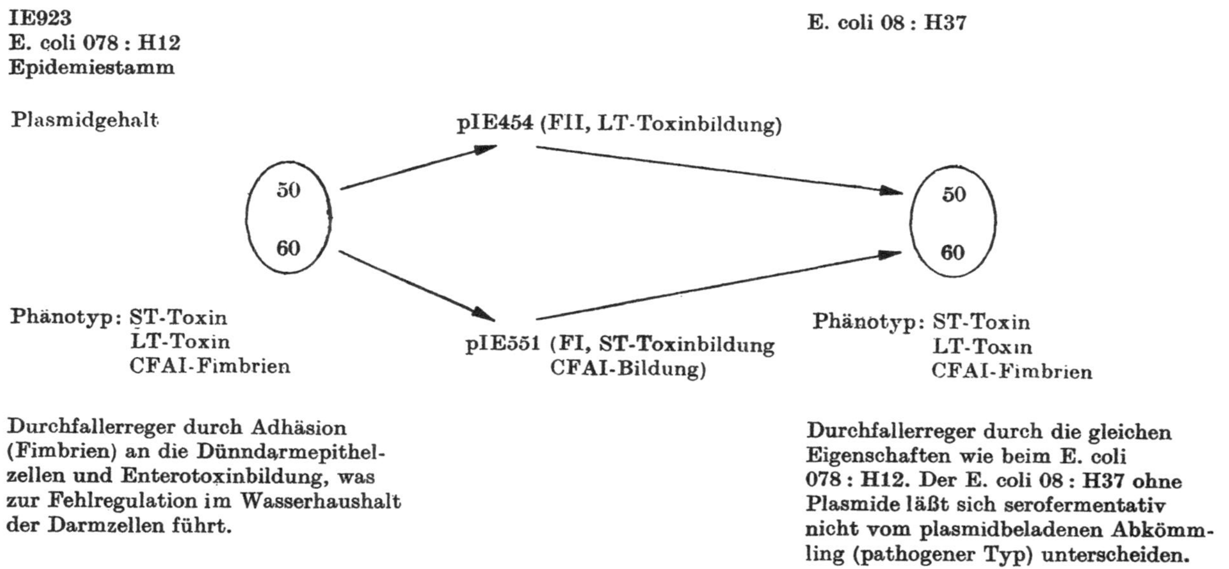

Abb. 42. Schematische Darstellung einer Plasmidanalyse des *E. coli* IE923-Stammes, der eine Cholera-like Epidemie in Äthiopien verursachte sowie die Konversion eines harmlosen *E. coli* 08: H37 aus der Darmflora eines gesunden Menschen in einen Cholera-like Infektionserreger durch den Transfer der beiden Virulenz-Plasmide *pIE454* und *pIE551*.

Typen zu verzeichnen ist. Offenbar werden nur die optimalen Kombinationen von Plasmiden und „Vorläuferbakterien" ausselektiert, die weniger „erfolgreichen" setzen sich in der Population nicht durch. Ähnliche Plasmide, wie sie in den *E. coli*-Stämmen aus Äthiopien vorkommen, sind auch in enterotoxischen *E. coli*-Stämmen aus Bangladesh, Indien oder anderen afrikanischen Ländern vorhanden. Die Bestimmung der Plasmide (PMA, vgl. 7.2.) und der serofermentativen Besonderheiten der Wirtsstämme zeigt, daß sie unabhängig von einander durch Kompositionen eines gleichermaßen herrschenden Zirkulationsprinzips entstanden sind (Abb. 41). Noch deutlicher als mit diesem Beispiel des Zusammenbaus von enterotoxischen *E. coli*-Stämmen durch die beiden LT-Toxinplasmide und das CFAI/ST-Toxin-Plasmid

Tabelle 19
Aerobactinplasmide (FI) aus septikämischen Enterobacteriaccae

Bezeichnung	Größe	phänotypische Eigenschaften in *E. coli* K12		
	[in Md]	Virulenz	Resistenz	andere
pIE517	95	Hyd	Tc Cm Km Ap	Phi
pIE608	95	Hyd	Ap Km	Phi
pIE743	100	Hyd Iss	Tc Ap Sm Su	Cva
pIE744	90	Hyd Iss	–	Cva, Phi
pIE747	90	Hyd Iss	–	Cva
pIE750	100	Hyd	Cm Sm Su Tc Ap Gm	–
pIE753	90	Hyd	–	–
pIE754	90	Hyd	–	Phi

ist die Zirkulationshypothese durch Ergebnisse zur Charakterisierung und Verbreitung eines Aerobactinplasmids unterstützt. Aerobactinplasmide kommen in verschiedenen Bakterienarten vor und gleichen sich in verschiedener Hinsicht auffallend (Tab. 19): sie sind zwischen 90 und 100 Md groß, gehören alle zur *FI*-Gruppe und kodieren das chemische gleiche Hydroxamat Aerobactin (Abb. 43). Das Aerobactin stellt (siehe Abb. 34) ein hochaffines Eisenaufnahme-Produkt dar, welches Eisenionen unter den eisenarmen in vivo Bedingungen (Gewebe, Blut, Exkrete) „herausfiltert" und der Bakterienzelle über einen spezifischen Rezeptor (der auch vom Plasmid kodiert wird, Abb. 34) zur Verfügung stellt. Damit sichern diese Aerobactinplasmide ihren Wirtszellen die Vermehrung und damit das Überleben unter den extremen eisenarmen Bedingungen der Makroorganismen (Blut, Gewebe,

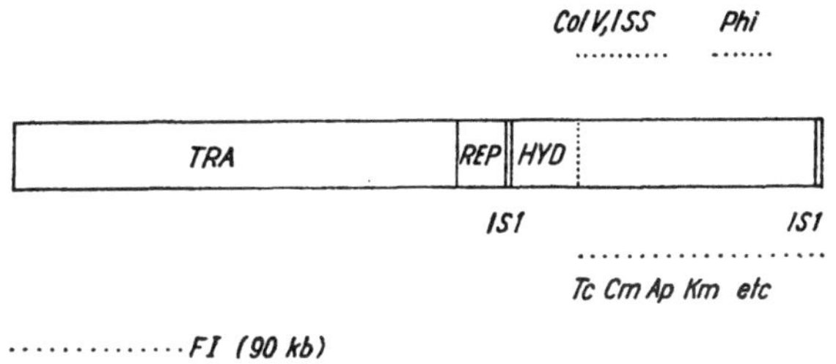

Abb. 43. Schematische Darstellung der Karte des Aerobactinplasmids der Gruppe *FI* (Typ *pIE517*)
In der Karte sind zusätzliche Determinanten (CmSuSmTcApKm Iss, Col, Phi) aufgeführt, die bei einigen abgeleiteten Varianten von diesem „Grundtyp" gefunden worden sind.

Sekrete, Macrophagen etc.). Da die anderen Eisenaufnahme-Systeme, z. B. der *E. coli*-Bakterien wie das Enterochelin, das Citratsystem etc. unter den natürlichen Verhältnissen vom Immunsystem des Makroorganismus „ausgeschaltet" sind, kommt der Aerobactin-vermittelten Eisenaufnahme ein besonders hoher Selektionsvorteil zu, da sich die betreffenden Plasmide (*FI*) als autotransferable Spezies leicht zwischen verschiedenen Arten und Gattungen der Enterobacteriaceae ausbreiten können. Dieser besondere Selektionsvorteil der Aerobactinplasmide wird durch ihre weltweite Verbreitung unterstrichen (Abb. 44). Die

Abb. 44. Geographische Verbreitung des Aerobactinplasmids der Gruppe *FI* (Typ *pIE517*) (vgl. Tab. 19, Abb. 43).

vom Aerobactinplasmid vermittelte Fähigkeit der Bakterien, sich unter den Eisenmangelbedingungen der Körperflüssigkeiten oder der Zellen zu vermehren, ist ebenso als eine „kanalisierende" Qualität für eine systematische oder generalisierende Infektion (Septikämien) anzusehen, wie die Adhäsine für die Lokalinfektionen (Intestinaltrakt, Harntrakt, Respirationstrakt) (vgl. Tab. 14 und Seite 102ff). Diese Aerobactinplasmide haben im Laufe der Evolution weitere Gene (Transposons) aufgenommen (Abb. 43), wodurch Varianten bekannt geworden sind (Tab. 19), die ein breites Spektrum von Antibiotikaresistenzen, Serumresistenzen

Tabelle 20

Plasmidprofile von mehrfachresisten nosokomialen *Salmonella typhimurium* Stämmen mit dem Lysotyp 208

Geographische Herkunft	Plasmidprofil
UdSSR (Moskau)	95, 4,7, 2,0
(Ukraine)	95, 3,0
(Armenien)	95, 3,0
(Sibirien)	95, 4,5, 3,2
Mongolische VR (Ulanbator)	95, 60, 34, 5,0
Ungarische VR (Budapest)	95, 4,5, 3,2, 2,0
DDR (Erfurt)	95, 4,5, 3,2, 2,0, 1,1
Syrien	95, 2,5

Das Plasmid von 95 Md Größe gehört zur FI Gruppe (vgl. pIE 517) und determiniert für Antibiotikamehrfachresistenz, Phagenkonversion und für ein Aerobactin-vermitteltes Eisenaufnahmesystem

oder Restriktions/Inhibitionseigenschaften gegen Bakteriophagen vermitteln, was sie zu typbestimmenden Plasmiden (vgl. Tab. 21) werden ließ. Derartige Varianten des Aerobactinplasmids mit typbestimmendem Charakter waren in *Salmonella typhimurium*-Stämmen beobachtet worden, die zwar alle einem gleichen Lysotyp und Biochemotyp angehörten, die aber auf Grund der Plasmidbestimmung (Tab. 20) sich als nicht identisch erwiesen. Das in allen Stämmen vorkommende Aerobactinplasmid (z. B. *pIE517*) kodiert nicht nur für eine Virulenz und Antibiotikaresistenz, sondern konvertiert auch den Lysotyp des Wirtsstammes durch Restriktion und Inhibition von Typisierphagen. So kann man mit

Tabelle 21
Einige typbestimmende Plasmide[1]) der Enterobacteriaceae

Plasmid-typ	Größe	Vorkommen	Funktion	klinische Konsequenz
FI	140	*Shigella* ssp. *E. coli*	Invasions-/ Penetrationsfaktor für Colon-Epithelzellen	Ruhr; Zerstörung der Darmepithelzellen, blutige Durchfälle (Abhängigkeit vom Shiga-Toxin)
FI	120	*Shigella sonnei*	O-Antigen, Invasivitätsfaktor	Ruhr
FI	46	*Yersinia* spp.	V, W-Antigen, Ingestionsresistenz	Durchfälle, chronische Appendizitiden, rheumatische Erkrankungen
FI	100	*E. coli* *Klebsiella* spp. *Salmonella* spp.	Aerobactinbildung (Eisenaufnahme) Serumresistenz	Überleben im Blut und Gewebe Septikämien und Meningitis kanalisiert zur generalisierenden Infektion
FI	60	*E. coli*	Adhäsion (CFAI)	Cholera-like Durchfall
FII	50	*E. coli*	LT-Enterotoxin	Cholera-like Durchfall
?	120	*Agrobacterium tumefaciens*	Octopin Fehlregulation im Zellwachstum	Pflanzenkrebs
FII	60	*Salmonella* spp.	Invasion, Serumresistenz	Gastroenteritiden

[1]) Als typbestimmende Plasmide werden solche Varianten verstanden, die der Wirtszelle „en bloque" ohne den montage-ähnlichen Zusammenbau einzelner Bausteine eine entscheidende Konversion ihrer Leistungsfähigkeit geben.

der Lysotypie die heterogenen Vorläuferstämme nicht mehr erkennen und kommt zu dem falschen Schluß, daß es sich um einen einheitlichen Klon handeln müsse.

Solche typbestimmenden Plasmide mit einer „en bloque“ Veränderung ihrer Wirtsbakterien sind für viele klassische Erreger von Infektionskrankheiten bekannt geworden, z. B. für die *Shigellen, Salmonellen, Yersinien* oder *Escherichien* (Tab. 21). Wird das typbestimmende Plasmid aus dem betreffenden Erreger eliminiert (z. B. geht das 140 Md große FI Plasmid aus *Shigella flexneri* verloren), so liegt ein harmloser, apathogener Bakterienstamm vor. Mit der Existenz der typbestimmenden Plasmide wird eine evolutionäre Richtung angedeutet, in der sich eine gegenseitige Abhängigkeit chromosomaler und plasmidaler Funktionen entwickelt und zu einer Arbeitsteilung in der Realisierung des Gattungslebens des betreffenden Bakterientyps durch zwei Replikons führt (besonders deutlich für *Agrobacterium tumefaciens*). Oft sind solche typbestimmenden Plasmide so an die Zelle fixiert, daß ihre Autotransferabilität nicht mehr nachzuweisen ist, jedoch unter gewissen Umständen wieder „zurückgeholt“ werden kann („flip-flop“). Oft sind auch die „typbestimmenden“ Determinanten nicht mehr auf den Plasmiden selbst lokalisiert, sondern sind sekundär ins Chromosom inseriert worden. Solche „en bloque“ Insertionen von heterologen DNA (Gen-Inseln) lassen sich für *Vibrio chloerae* (Enterotoxine) und für uropathogene *E. coli* (Hämolysine, Adhäsine) zeigen.

Die hier skizzierten Prinzipien der Zirkulation der Plasmide und des montagehaften Aufbaues bestimmter qualifizierter Bakterienstämme (Klone) könnten den Eindruck erwecken, daß derartige klinisch relevante Merkmale (Plasmide) ständig in Bewegung sind und es nur noch fließende Übergänge zwischen pathogenen Klonen, nicht pathogenen plasmidfreien Vorläufern und plasmidhaltigen aber noch nicht voll optimierten „Zwischentypen“ geben müßte. Dieses trifft nur zum Teil zu und spielt sich meistens nur in evolutionären Dimensionen ab. Viel häufiger sind diesen Zirkulationsprinzipien eine Reihe von Mechanismen entgegengestellt, die einen bestimmten Klon ziemlich lange fixieren können, besonders solche, die typbestimmende Plasmide enthalten. Diese Mechanismen betreffen einmal drastische Einschränkungen der Transferabilität der Plasmide (vgl. 3.1., 3.4.3.), der wirtsabhängigen Realisierung (Exkretion, Herausschleusung etc.) der plasmidkodierten Produkte, aber besonders auch eine feinabgestimmte gegenseitige Komplettierung beim Zustandekommen eines Pathogenitätsfaktors. So ist z. B. die Pathogenität der *Shigella*-Bakterien vom typbestimmenden Plasmid *FI* (140 Md) (siehe Tab. 21) abhängig. Überträgt man aber dieses Plasmid auf *E. coli* K12, so kann dieses Plasmid keine *Shigella*-Pathogenität unter diesen Wirtsstammverhältnissen erzeugen. Um die volle *Shigella*-Pathogenität zu erreichen, muß man solche Stämme mit weiteren Faktoren versehen, die von chromosomalen Genen kodiert werden: ein Cytotoxin und ein weiteres Membranprotein (*kco*-Protein). Komponiert man experimentell durch Gentransfer diese einzelnen chromosomalen Determinanten mit dem Plasmid zusammen, so kann man selbst aus dem völlig harmlosen *E. coli* K12-Stamm einen Ruhrerreger herstellen; er kann durch die Plasmid-kodierten Faktoren in die Colon-Epithelzellen penetieren und kann durch das Cytotoxin einen Stopp der Proteinsynthese in den Colonzellen hervorrufen, was zur Abtötung der Zelle führt. Dabei ist natürlich wichtig, daß man den O-Antigen-losen, sgn. rauen *E. coli* K12-Stamm durch Übertragung des rfb Genes zum Glattstamm konvertiert, weil sonst bei aller pathogenen Potenz die unspezifische Abwehr den rauen Stamm sofort vernichten würde.

Solche experimentellen Beobachtungen belegen, daß die Pathogenität eines bestimmten Bakterienstammes mosaikartig aufgebaut wird und daß nicht nur die verschiedenen plasmidalen Faktoren zusammenwirken müssen, sondern daß ein Zusammenspiel chromosomal determinierter und plasmidal determinierter Faktoren notwendig ist.

6.3. Die Klonkonzeption in der klinischen Mikrobiologie und Epidemiologie

Seit Jahren hat man mit Hilfe verschiedener Typisiermethoden (epidemiologische Labormethoden) versucht, Bakterien innerartlich zu differenzieren, um eine exakte Korrelation zum klinischen Bild (Erkrankung) und zum epidemischen Prozeß (Ausbreitungsweg pathogener Bakterien) herzustellen. Die Analyse des Plasmidphänomens zeigte aber, daß für die innerartlichen Besonderheiten einer Bakteriengruppe insbesondere in ihrer ökologischen und klinisch bedeutsamen Variationsbreite die Zirkulation verschiedener Plasmidarten mit ihren verschiedenen somatischen Determinanten (vgl. Tab. 11, 13, 14) verantwortlich sind. Plasmide treten durch Transferabilität und Koexistenzfähigkeit in Bakterienstämmen zu verschiedenen optimalen Kombinationen zusammen, wodurch sich u. U. besonders angepaßte oder klinisch bedeutsame Varianten (Klone) ergeben. Solche Klone können unter der Förderung des für sie günstigen Selektionsdrucks sich optimal vermehren, klinisch oder epidemiologisch in den Vordergrund treten und als solche besonders qualifizierten Varianten eine weite geographische und zeitliche Ausbreitung erfahren. Diese Betrachtungsweise wird mit der Klonkonzeption (**Klonhypothese**) in der klinischen Mikrobiologie und Epidemiologie zusammengefaßt. Sie sagt aus, daß nur ganz bestimmte qualifizierte Varianten (Klone) einer Bakterienart mit einem ganz bestimmten Krankheitsbild und/oder einem epidemischen Prozeß in Verbindung zu bringen sind. Daher sind unabhängig voneinander isolierte Bakterienstämme mit nachgewiesener genetischer Identität als klonal und damit als epidemiologisch zusammenhängend zu betrachten. Dabei ist die genetische Identität der Stämme entsprechend der verfügbaren Methodik unter dem Gesichtspunkt der epidemiologischen Konstanz zu definieren.

Untersucht man in einem Territorium die Ursachen eines sich immer weiter ausbreitenden Durchfallgeschehens, so reicht die simple Feststellung nicht aus, es handele sich um *Shigella sonnei*, *Salmonella typhimurium*, *E. coli* etc., um wirksame antiepidemische Maßnahmen einleiten zu können. Da auch Stämme isoliert werden, die zwar taxonomisch sich als *Sh. sonnei*, *S. typhimurium* oder *E. coli* erweisen, die aber mit der eigentlichen Durchfallepidemie gar nichts zu tun haben, sind erhebliche Fehler in der Einleitung von antiepidemischen Maßnahmen nicht zu vermeiden. Man muß daher neben der taxonomischen Identifizierung des ätiologischen Agenz auch die genetische Identität, d. h. die klonale Natur der einzelnen Bakterienisolate herstellen. Die klonale Verbreitung eines Bakterienstammes gilt als das Zeichen eines epidemiologischen Zusammenhanges, was sowohl für kleinere territorial begrenzte Ausbrüche (z. B. Krankenhausepidemien) als auch für Epidemien großer territorialer Ausdehnung zutrifft. Demzufolge muß man zur Analyse epidemiologischer Zusammenhänge zunächst die klonale Natur (Identität) der verschiedenen Bakterienisolate erfassen. Dieses kann mit einer Reihe von epidemiologischen Labormethoden erfolgen. Neben der Serotypie, Lysotypie, Biochemotypie und Colicinotypie ist die Methode der **Plasmidmusteranalyse** (PMA, vgl. 7.2., Tab. 27) eine der exaktesten und am besten diskriminierenden Methoden: sie spiegelt nicht nur die genetischen Ursachen der innerartlichen Variationsbreite der Bakterien wider, sondern erfaßt auch einen gut reproduzierbaren stabilen Merkmalskomplex. Die Charakterisierung von Klonen erfolgt durch Aufstellung von **Klonformeln**, die sich auf der Grundlage genetischer und phänotypisch erfaßbarer Eigenschaften, wie serofermentative Leistungen (Serotyp, Biochemotyp), Phagenmuster und Lysisbild (Lysotyp), Membranproteinmuster, Isoenzymmuster, Plasmidmuster etc., als komplexe Typisierung ergeben.

Auch eine klonale Verbreitung von Plasmiden oder Transposons läßt sich beobachten und der klonalen Ausbreitung von Bakterien gegenüberstellen (Tab. 22). Während die klonale Verbreitung eines Bakterienstammes stets auf dessen epidemiologische oder ökologische Qualifizierung hinweist, ist die klonale Verbreitung eines Plasmids oder eines Transposons lediglich ein Zeichen der Zirkulation bestimmter Merkmale (vgl. Abb. 44 und 45), welche

Tabelle 22
Ebenen der klonalen Ausbreitung

	Beispiel	klinisch/epidemiol. Konsequenz
Stamm:	*E. coli* 0111 : H2 (spez. OMP Muster Plasmidmuster Serotyp Biotyp Antibiogramm Colicinotyp Isoenzymuster)	Hospitalklon, Verfolgung der Ausbreitung; „Tracing" des epidemischen Prozesses; Darstellung der besonderen Qualifizierung
Plasmid:	IncFI-Spezies (Abb. 43) 95 Md. Größe kodiert Mehrfachresistenz gegen Antibiotika und ein Aerobactin-vermitteltes Eisenaufnahmesystem (vgl. Tab. 19)	Zirkulation von Merkmalen; Bildung von „Pseudoklonen (vgl. Tab. 20); „Synthese" von Klonen
Transposons:	Tn1825 (13,4 kb) SmSpSt (vgl. Tab. 10)	Migration des Transposons; Auftreten eines Markers auf verschiedenen Plasmiden u. verschiedenen Bakterienstämmen, „Ausrüstung" verschiedener Plasmide mit gleichen somatischen Determinanten

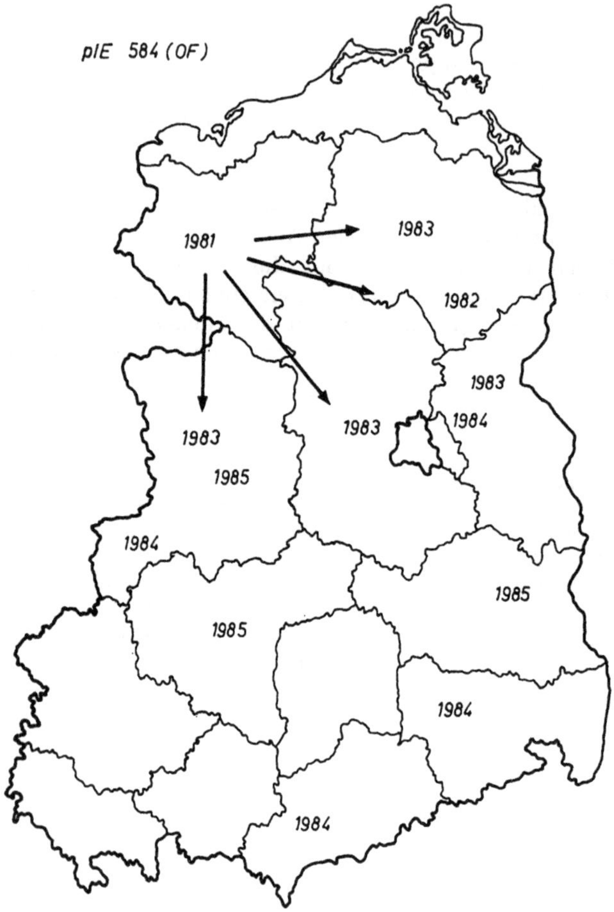

Abb. 45. Klonale Verbreitung des Plasmids *pIE584* der Gruppe *OF*.
Das Plasmid *pIE584* ist 60 Md groß und determiniert für die Antibiotikaresistenzen *CmSmSuApTpGm*. Es wurde erstmals 1981 im Raum Schwerin entdeckt und hat sich offenbar von dort ausgehend über die gesamte DDR verbreitet. Die aufgeführten Jahreszahlen sprechen für die geographischen und zeitlichen Erstbefunde dieses Plasmids. Die bakterielle, epidemiologische und klinische Herkunft wurde bei dieser Darstellung unberücksichtigt gelassen.

die „Synthese", den Aufbau bestimmter Bakterienklone bedingen. Warum bestimmte Plasmidarten mit bestimmten somatischen Determinanten assoziiert über lange geographische Strecken und Zeitabschnitte sich klonal verbreiten können, bleibt unbekannt. So konnte z. B. im Rahmen der Gentamicinresistenzüberwachung in der DDR ein bestimmtes Plasmid der Gruppe *OF* erstmalig in *E. coli*-Stämmen aus Harnwegsinfektionen (Raum Schwerin) gefunden werden, das in den nachfolgenden Jahren auch in anderen Stämmen und aus anderen geographischen Herkünften bekannt geworden ist (Abb. 45). Eine solche klonale Ausbreitung dieses *OF*-Gruppen-Plasmids (*pIE584*, vgl. Tab. 5) ist um so erstaunlicher, als andere Plasmide mit gleicher Resistenzkombination (CmSmSu-TpApGm) zwar ebenso vorkommen, aber nicht demselben Selektionsdruck folgen (vgl. Plasmid *pIE580*; Tab. 5).

Die klonale Analyse von Bakterienstämmen durch eine komplexe Typisierung, besonders durch die Analyse des Plasmidbesatzes, führte in den letzten Jahren zu einer besseren Aufklärung epidemiologischer Zusammenhänge; z. B. konnte die klonale Natur von *Salmonella typhimurium*-Isolaten in der DDR aufgezeigt werden, die über Jahre hinweg ein breites, teritoriales Vorkommen aufwiesen und die zu den häufigsten (über 60%) aller in der DDR isolierten *Salmonella typhimurium*-Stämme zählten. Dieser Klon vom Lysotyp 194 besaß zwei Plasmide, ein 60 Md Plasmid (das typbestimmende Virulenzplasmid aller *S. typhimurium*-Stämme tierischen Ursprungs) und ein 3,5 Md Plasmid (vgl. Tab. 28). Der auf diesen Epidemiestamm einwirkende Selektionsdruck durch die Anwendung von Antibiotika in der Veterinärmedizin förderte die Selektion mehrfachresistenter Subklone, die ein *H1* Gruppen Plasmid mit den Resistenzdeterminanten *CmSmSuTcKmAp* besaßen. Der Epidemiestamm konnte zwar durch die angewendeten Antibiotika nicht von der Bildfläche verdrängt werden, sondern er „reagierte" darauf mit besser angepaßten Subklonen. Da die *H1* Plasmide eine besonders gute Transferabilität auf Salmonellen zeigen, ist natürlich nicht ausgeschlossen, daß dieses Ereignis sich innerhalb des Territoriums der DDR mehrfach wiederholt hat. Da eine besondere Verbreitung des *H1* Plasmids (CmSmSuTc-KmAp) pIE535 in der *E. coli*-Flora nicht zu erkennen ist, dürfte eine Mehrfachentstehung der resistenten Subklone gering sein.

Auch für zwei weitere Beispiele von Durchfallepidemien (Abb. 46, 47) ließen sich durch die Analyse der klonalen Natur eindeutige Aussagen über die Ursachen zur epidemischen Ausbreitung treffen und damit mögliche gezielte antiepidemische Maßnahmen ein-

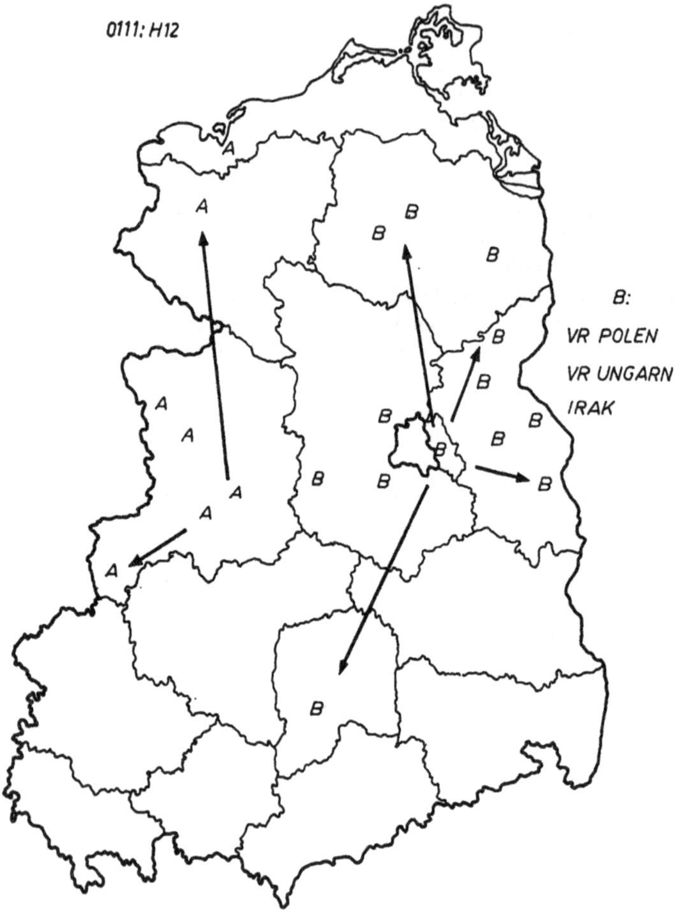

Abb. 46. Klonale Verbreitung zweier *E. coli* 0111 : H2 Epidemiestämme in der DDR zwischen 1979 und 1981.
Klon A war charakterisiert durch den gleichen Serotyp, Colicinotyp und Lysotyp (diese sind identisch mit Klon B), das gleiche Membranmuster und Plasmidmuster (siehe dazu Tab. 28); der Klon B war charakterisiert durch einen gleichen Serotyp, Colicinotyp und Lysotyp (identisch mit Klon A) und ein gleiches Membran- und Plasmidmuster (Tab. 28). Das Membranmuster und Plasmidmuster war jedoch vom Klon A total verschieden.

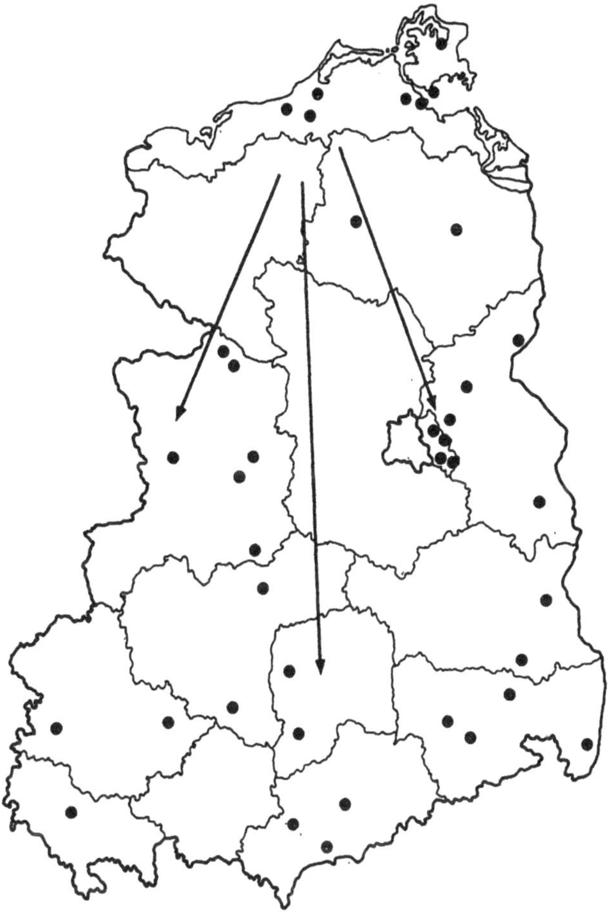

Abb. 47. Klonale Verbreitung eines *Shigella sonnei*-Epidemiestammes in den Jahren 1982—1983.
Vgl. Tab. 28. Der beschriebene *Sh. sonnei*-Epidemiestamm verschwand im Frühjahr 1984 völlig aus der Palette der Stämme und ist seit 1985 nicht wieder aufgetaucht.

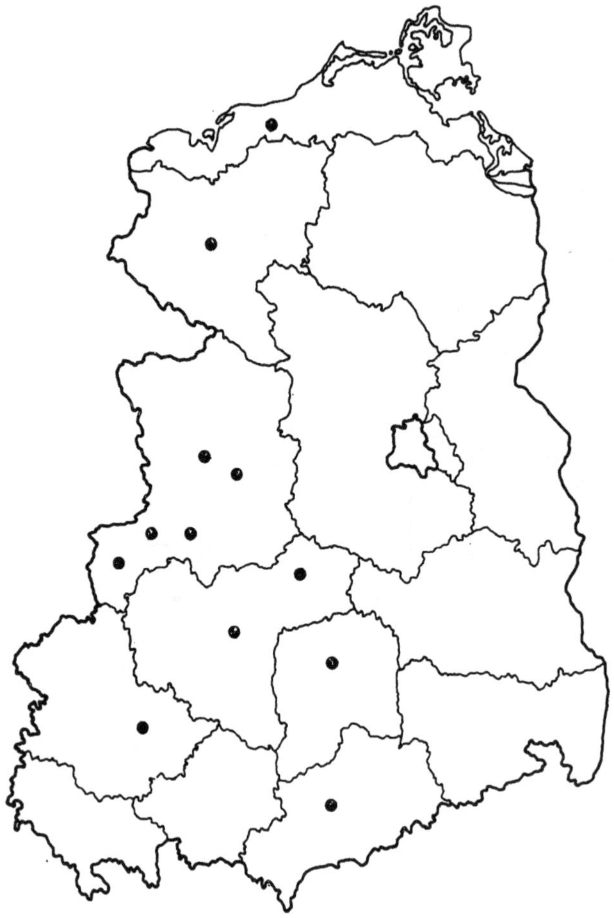

PROVIDENCIA STUARTII 072

Abb. 48. Klonale Verbreitung eines *Providencia stuartii*-Klons in verschiedenen urologischen Kliniken der DDR.
Der *Providencia stuartii*-Stamm ist durch einen gleichen Serotyp (F. Fischer; pers. Mitteilung) und ein gleiches Plasmidmuster (vgl. Tab. 28) charakterisiert.

leiten. Für den Fall der Enteritis-Epidemien bei Neugeborenen durch *E. coli* 0111 : H2 Stämme (Abb. 46) ließ sich zeigen, daß zwei phänotypisch identische, genetisch aber völlig verschiedene Klone sich in der DDR ausgebreitet haben (Klon A und Klon B) und daß der Klon B mit anderen international verbreiteten 0111 : H2 Klonen identisch ist. Daß auch für solche Krankheiten, für die normalerweise eine epidemische Ausbreitung des Erregers nicht angenommen wird, ein klonal sich verbreitender Erreger nachweisbar war, und man deshalb von einem gemeinsamen epidemischen Prozeß sprechen muß, konnte durch die Analyse von *Providencia stuartii* 072-Stämmen gezeigt werden, die sich in urologischen Krankenhäusern verschiedener geographischer Herkünfte nachweisen ließen und als klonal identisch beschrieben wurden (Abb. 48, Tab. 28). Für diese *Providencia stuartii*-Stämme, die postoperative Bakteriurien, Pyelonephritiden und andere Harnwegsinfektionen verursachten, muß ein gemeinsamer epidemischer Prozeß, muß ein gemeinsames Vehikel der Verbreitung angenommen werden. Dieses aufzuspüren und die epidemische Ausbreitung des Klons zu unterbrechen, ist eine Aufforderung an die Epidemiologie. Durch die modernen epidemiologischen Labormethoden, insbesondere durch die Plasmidanalysen, ist dazu jetzt die Zeit gekommen (vgl. 7.2.).

7. Praktische Konsequenzen aus der Plasmidforschung

Sieht man einmal von der Plasmidreplikation und den Transposons ab, so hat sich in der Plasmidforschung ähnlich wie auch in der gesamten Bakteriengenetik selbst das Schwergewicht und das öffentliche Interesse von den Grundlagenerkenntnissen weg zu praktisch angewandten Aspekten hin verschoben. Dabei stehen humanmedizinische, landwirtschaftliche und industrielle Probleme im Vordergrund. Gerade durch die in den letzten 10 Jahren sich rapide entwickelnden Methoden der Gentechnik ist die Bakteriengenetik sowie die Plasmidgenetik in ein unmittelbares Interesse praktischer Anwender gerückt. Mit Hilfe dieser Technologien lassen sich Gensequenzen von beliebigen DNA Proben isolieren (sogar DNA Sequenzen von Mumien, Moorleichen, ausgestopften, ausgestorbenen Tieren usw.) und mit Plasmid DNA oder Phagen DNA verknüpfen (rekombinieren). Überträgt man die Plasmid DNA durch Transformation auf z. B. *E. coli*-Stämme, so repliziert das Plasmid die fremde DNA als integralen Bestandteil seines Moleküls mit. Liegt ein geeigneter Promotor in der Nähe des eingefügten, fremden Strukturgens, so kann es exprimiert werden und das entsprechende Genprodukt z. B. im Medium erscheinen. Dieser Vorgang wird als Klonieren bezeichnet, weil man selektiv ein bestimmtes Stück DNA Sequenz (Gen) aus dem Gesamtverband des Chromosoms herauslöst und sich identisch mit Hilfe der Plasmid-Replikationsmaschine „vermehren" läßt. Wird diese klonierte DNA Sequenz optimal exprimiert und das entsprechende fremde Genprodukt in großer Menge ökonomisch-rentabel gewonnen (z. B. durch die Massenkultur von *E. coli* oder *B. subtilis* und der hohen Kopiezahl des verwendeten Trägerplasmids/Vektor; siehe weiter unten), dann kann eine biotechnologische Nutzung von wirtschaftlichem Interesse werden. Damit stellt sich die Gentechnik heute als eine wesentliche methodische Säule der Biotechnologie dar, der in den nächsten Jahren enorme volkswirtschaftliche Bedeutung zukommen wird.

Aber nicht nur für die Biotechnologie (incl. der pharmazeutischen Industrie und der Impfstoffproduktion) sind die gentechnischen Verfahren und Strategien von grundlegender Bedeutung, sondern ihre Anwendung in der Genomanalyse, der Kartierung von genetischen Kopplungsgruppen, der gezielten Manipulation von Erbveränderungen bei Tieren (transgene Tiere) und Pflanzen im Rahmen der landwirtschaftlichen Züchtungsforschung hat ein breites Feld von erfolgversprechenden Projekten beginnen lassen.

Obwohl für solche gentechnischen Methoden Plasmide eine große Bedeutung für das Erreichen der gewünschten Ziele haben, sind sie doch lediglich Instrumente, die in einer sehr begrenzten Auswahl für die Herstellung praktisch nutzbarer Rekombinanten eingesetzt werden (siehe 7.1.), außerdem sind Viren von Bakterien, Pflanzen und Tieren mit einer fast ebenso breiten Anwendung für die Gentechnik im Einsatz.

Dagegen spielen die Plasmide in ihrem gesamten biologischen Spektrum für die Diagnostik und Therapie von Infektionskrankheiten der Menschen, Tiere und Pflanzen eine direkte und umfassende Rolle, da sie sowohl in methodischer als auch in erkenntnistheoretischer Hinsicht Voraussetzungen für das Erfassen und für die Eradikation von Erregern wichtiger Krankheiten darstellen (s. 7.2.).

7.1. Plasmide und Gentechnik

In der Regel versteht man heute unter dem Begriff der Gentechnik die Methodik und das Durchführen zur gezielten und gerichteten Neukombination von genetischem Material (DNA Sequenzen) und zur Wiedereinführung und Vermehrung dieser rekombinierten DNA Moleküle in neue andersartige Wirte (auch als in-vitro Rekombination bezeichnet). Mit gentechnischen Methoden kann man daher nicht nur Rekombinationen zwischen DNA Sequenzen aus Stämmen von entfernten Arten und Familien herstellen, sondern auch die evolutionäre Barriere zwischen Prokaryonten und Eukaryonten „überspringen". Eine solche in-vitro Verknüpfung von DNA Molekülen ist deshalb so spezifisch möglich, weil es Enzyme, sogenannte Endonukleasen oder Restriktasen gibt, die DNA Sequenzen nach einem ganz spezifischen Erkennungsmuster schneiden (Tab. 23). Zum Beispiel erkennt das Enzym EcoRI die Basenfolge GAATTC auf der DNA und „schneidet" in diese Sequenz durch Hydrolyse des Zucker-Phosphat-Rückgrads zwischen dem Guanin und dem Adenin (Abb. 49). Besitzt das Plasmid nur eine solche Erkennungssequenz, so wird die cccDNA linearisiert (Abb. 49), nicht aber in weitere Teilstücke zerlegt. Dadurch entsteht ein DNA Molekül, was an beiden Enden komplementäre

Tabelle 23
Einige Endonukleasen (Typ II) und ihre Erkennungssequenzen

Enzym	Herkunft	Erkennungssequenz
AluI	*Arthrobacter luteus*	AG/CT
BamHI	*Bacillus amylofaciens* H	G/GATCC
BglI	*Bacillus globii*	GCC(N4)/NGGC
EcoRI	*E. coli* (RY13)	G/AATTC
EcoRII	*E. coli* (RN3)	/CC(A : T)GG
HindIII	*Haemophilus influencae* III	A/AGCTT
PstI	*Providencia stuartii*	CTGCA/G
SalI	*Streptomyces albus* G	G/TCGAC
SmaI	*Serratia marcescens*	CCC/GGG
PvuI	*Proteus vulgaris*	CGAT/CG

Die Erkennungsequenzen sind als Buchstabenserien an der 5′ Stelle beginnend angegeben, die Schnittstellen sind durch einen Schrägstrich gekennzeichnet.
Alle TypII Enzyme schneiden die DNA immer genau an einer Stelle relativ zur Erkennungssequenz.

A — Adenin
C — Cytosin
G — Guanin
T — Thymin
N — beliebiges Nukleotid

freie Basen aufweist (sogenannte kohäsive Enden). Zerschneidet man mit dem gleichen Enzym EcoRI z. B. chromosomale DNA (von einem Bakterium, von einer Hefe, Pflanze, Tier oder Mensch), so entstehen zahlreiche Bruchstücke unterschiedlicher Größe, je nachdem wie oft die Sequenz GAATTC dort vorliegt. Diese unterschiedlichen, zerschnittenen, chromosomalen Fragmente weisen alle eine Gemeinsamkeit auf: sie besitzen die gleichen kohäsiven Enden, wie es auch für das linearisierte Plasmid zu-

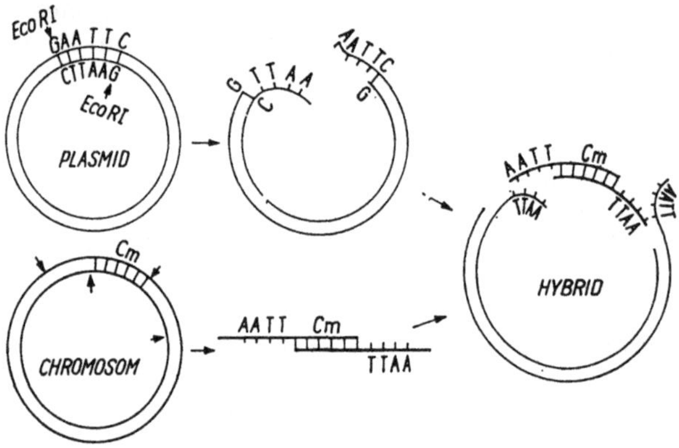

Abb. 49. Schematische Darstellung einer in vitro Rekombination.
Mit dem Enzym *EcoRI* wird die DNA des Vehikels (Plasmids) als auch des DNA-Spenders (z. B. eine chromosomale Region) aufgeschnitten. Durch die dadurch entstehenden identischen Enden („klebrige Enden") kann eine Verschmelzung der Vehikelfragmente mit den chromosomalen Fragmenten unter der Wirkung des Enzyms Ligase erreicht werden.

trifft (Abb. 49). Mischt man beide so hergestellten DNA Präparate und setzt das Enzym „Ligase" dazu, dann werden die kohäsiven Enden der aufgeschnittenen verschiedenen Moleküle wieder verknüpft und es entstehen statistisch zufällige Kombinationen von Plasmid DNA und gewissen chromosomalen Fragmenten (Abb. 49). Isoliert man solche in-vitro entstandenen rekombinierten DNA Moleküle aus dem Gemisch durch Transformation (siehe Glossar) auf geeignete Rezipienten (z. B. *E. coli* K12 Derivate) so erhält man durch entsprechende Selektion eine Reihe von Bakterienstämmen, die das gewünschte Stück chromosomaler DNA Sequenz zusammen mit der Plasmid DNA aufweisen (klonierte DNA). Verwendet man zusätzlich noch geeignete Wirtsstämme, die leicht zu kultivieren sind und die das vom klonierten Gen exprimierte Protein leicht ausschleusen, so ist ein gentechnisch manipulierter Stamm fertiggestellt, der unter Umständen biotechnologisch nutzbar sein kann. Entscheidend für eine erfolgreiche Herstellung solcher rekombinanten DNA Moleküle (DNA-Chimäre) und ihre Nutzung in bestimmten Bakterienstämmen sind verschiedene Eigenschaften, die das betreffende Plasmid für Klonierungszwecke (als Klonierungsvehikel) aufweisen muß: hohe Zellstabilität; brauchbarer Wirtsbereich; niedriges Molekulargewicht, um eine technisch leichte Handhabbarkeit, z. B. für die Isolierung und Transformation zu erreichen; eine möglichst hohe Kopiezahl für eine günstige Gendosis; und jeweils nur eine Schnittstelle aber für möglichst zahlreiche Endonukleasen; die Schnittstellen sollten in nicht-essentiellen, aber kodierenden Bereichen liegen, um Veränderungen des Phänotyps als Insertionsereignis messen zu können. Es ist leicht verständlich, daß diese verschiedenen Kriterien von den natürlich vorkommenden Plasmiden (vgl. dazu Kap. 2, und Tab. 5) kaum oder nur sehr unvollkommen erfüllt werden können, so daß man schon seit dem Beginn des Einsatzes von Plasmiden für gentechnische Zwecke versucht hat, Plasmide künstlich herzustellen, die aus verschiedenen „Herkünften" die gentechnisch brauchbaren Eigenschaften auf ein Replikon zusammengeschneidert besitzen. Angefangen hat man dabei z. B. mit einem in *E. coli* und Shigellen weit verbreiteten, kleinen Plasmid, dem Plasmid ColE1, welches 4,2 Md groß ist, sich in 20—40 Kopien pro Zelle repliziert (vgl. dazu auch S. 48) und für ein Colicin E1 kodiert, ein Protein, welches andere empfindliche Bakterien abtöten kann. Das ColE1 Plasmid ist zwar nicht selbst-konjugativ, kann aber durch andere Plasmide (z. B. F-Plasmide) mobilisiert werden (vgl. Tab. 9). Dieses Plasmid ColE1 weist z. B. nur eine, im Strukturgen für die Colicinbildung befindlichen EcoRI Schnittstelle auf, so daß man das Plasmid nach EcoRI Behandlung linearisieren kann. Nach entsprechender Behandlung lassen sich in-vitro Rekombinationen erzeugen, die zur Colicinbildung nicht mehr in der Lage sind. Um diese in-vitro Rekombinanten zu selektieren, plattiert man nach Transformation das Gemisch auf Mitomycin-haltigem Agar, ein Antibiotikum, welches die Colicinbildung induziert. Da die Colicinproduktion (wie auch die Phagenproduktion) für die induzierte Zelle lethal verläuft, bleiben auf dem Mitomycinagar nur diejenigen Transformanten übrig, die das rekombinante Plasmid enthalten. Mit diesem System war zwar eine Klonierung möglich, und viele der ersten diesbezüglichen Experimente sind mit diesem System durchgeführt worden, jedoch war die Auswahl an eingesetzten Endonukleasen sehr begrenzt. Dieshalb hat man schon sehr bald die Variante pSF2124 durch Übertragung des Transposons Tn1 (synonym mit Tn3) (vgl. Tab. 10) erhalten und dann durch Zusammenschneidern der rep-Region von ColE1, der Ampicillinresistenzregion (β-Lactamase) vom Tn1 und der Tetracyclinresistenzregion des Plasmids pSC101 ein künstliches Plasmid, pBR322, erhalten, welches heute noch eine Vielzahl von Anforderungen an ein Kloningvehikel erfüllt. pBR322 ist ein 4362 bp großes nichttransferables Plasmid (Abb. 50), welches völlig sequentiert vorliegt. Nach Entfernen einiger doppelt vorhandener Endonuklease-empfindlicher Stellen liegt mit pBR322 ein Kloningvehikel vor, welches etwa für 20 Endonukleasen jeweils einzelne Schnittstellen aufweist. Damit kann das Plasmid an verschiedenen Stellen und mit unterschiedlichen Endonukleasen aufgeschnitten, d. h. mit unterschiedlichen kohäsiven Enden versehen (vgl. Tab. 23) und durch Einfügen fremder DNA Sequenzen zum Chimärenmolekül umgewandelt werden. Besonders interessant und vielbenutzt sind die Schnittstellen BamHI und SalI (vgl. Abb. 50) in der Tetracyclinresistenzregion sowie die Schnittstellen PstI und PvuI in der Ampicillinresistenzregion (Abb. 50). Schneidet man z. B. mit den Enzymen BamHI oder SalI die zu klonierende DNA und die pBR322 DNA auf, so muß das Stück fremde DNA Sequenz (das Insert) nach erfolgter Ligation die genetische Kontinuität der Tetracyclinresistenzregion unterbrechen und damit zur Tetracyclinsensibilität führen. Solche DNA Rekombinanten kann man nach Transformation auf *E. coli* und Selektion auf Ampicilinresistenz durch anschließende Prüfung auf Tetracyclinsensibilität von den nichtrekombinanten Molekülen mit Tetracyclinresistenz unterscheiden. Wichtig ist, daß pBR322 (wie auch das ColE1 Plasmid pMB1, von dem die rep-Region stammt) je nach Wachstumszustand der Bakterienzellen in vielen Kopien (20—60) vorliegt. Diese Kopiezahl kann noch auf ca. 2000 pro Zelle gesteigert werden, wenn man der log-Phasen-Kultur das Antibiotikum Chloramphenicol hinzu gibt. Chloramphenicol inhibiert die Proteinsynthese, so daß insbesondere solche an der DNA Replikation beteiligten Enzyme (z. B. die Polymerase III; vgl. Tab. 7) nicht mehr nachgebildet werden können und die Bakterienkultur im Wachstum (Zellvermehrung) zum Stillstand kommt. Die Replikation vom Plasmid pBR322 selber (wie auch alle anderen „multi-copy-Plasmide") ist nicht sofort von der Chloramphenicol

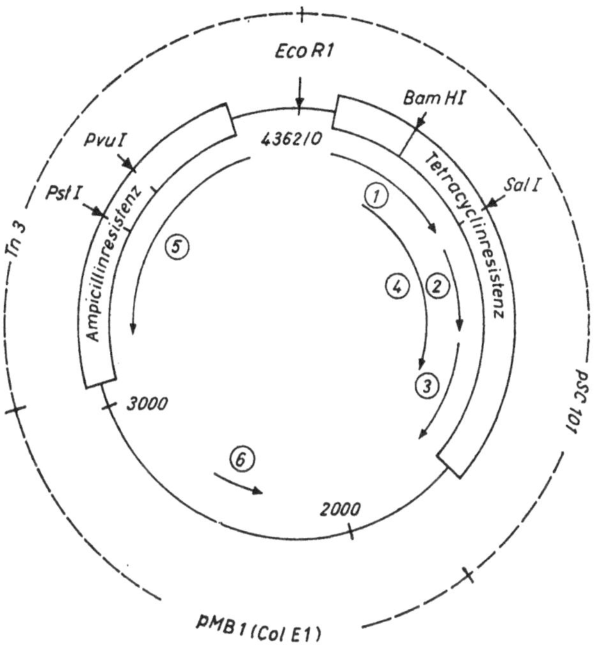

Abb. 50. Vereinfachte Karte des Plasmids pBR322
Die Tetracyclinresistenzproteine (1—4) werden von Position 87—639 von 697—1073, von 1182—1515, bzw. das große Transportprotein von 260 bis 1272 im Uhrzeigersinne gelesen; die β-Lactamase (5) wird von Position 4145 bis zur Position 3296 entgegen dem Uhrzeigersinn gelesen; die rep-Region (6) startet entgegen dem Uhrzeigersinn. Die in der Abbildung angegebenen Insertionsstellen (PstI und PvuI im Ampicillinresistenzgen; BamHI und SalI im Tetracyclinresistenzgen) für heterologe DNA-Sequenzen stellen die gebräuchlichsten dar. Insertionen im PstI führen darüberhinaus zu einem Komplexprodukt: β-Lactamase und Produkt der klonierten DNA, was besonders für die Expression einiger Gene von Bedeutung sein kann. Alle übrigen Möglichkeiten der Insertionen (EcoRI, EcoRV, BalI, AvaI, PvuII, HindIII, ClaI etc.) wurden nicht gezeichnet (vgl. Winnacker 1985, Gassen, Martin und Bertram 1985, Old und Primrose 1981).

bedingten Blockade der Replikation betroffen, sie verläuft durch Vermittlung der Polymerase I über viele Stunden weiter, so daß sich die Kopiezahl entsprechend dem Nukleotid-Angebot in der Zelle extrem erhöhen kann. Dieses Phänomen wird als Amplifikation bezeichnet. Nach Entfernen des Chloramphenicols kann dann durch die gesteigerte Kopiezahl und der damit verbundenen hohen Gendosis des klonierten Gens auch das entsprechende Genprodukt in hoher Ausbeute erhalten werden.

Heute kann man durch Einsatz von sogenannten „runaway"-Plasmiden die Gendosis des klonierten Stücks auf die gleiche Höhe bringen, ohne daß man dabei den umständlichen Weg über das Chloramphenicol einschlagen muß. Ein solches „runaway"-Replikon stammt von einem Miniplasmid-Derivat des FII Plasmids R1 (vgl. Tab. 5, Abb. 8, 15), welches eine temperatursensible Mutation im Gen für die Regulations-RNA (Abb. 15) besitzt. Dieses Plasmid repliziert sich bei einer Wachstumstemperatur unter 30° bis zu einer Kopiezahl von ca. 10 pro Zelle, bei einer Wachstumstemperatur von über 37° dagegen völlig unkontrolliert und erreicht Kopienzahlen zwischen 1000 und 2000 pro Zelle. Für biotechnologische Aufgaben ist dieses Vehikel dann besonders günstig zu gebrauchen, wenn die Genproduktbildung erst nach Erreichen einer optimalen Zelldichte „eingeschaltet" werden soll, oder aber wenn das Genprodukt für die produzierende Zelle selbst schädlich ist. Dazu hat man ein System aus zwei Plasmiden mit jeweils temperaturempfindlichen Replikationsgenen konstruiert: das eine Plasmid repliziert nur unterhalb von 30°C und produziert einen lac-Repressor[1]), das zweite Plasmid ist ein „runaway" -Replikon und trägt die klonierte Sequenz hinter einer Lac-Promotor/Operator-Sequenz[1]). Bei niedriger Temperatur (um 30°C) wird das erste Plasmid normal repliziert und führt zur Bildung des Lac-Repressors. Dieser Lac-Repressor blockiert die Expression des unter Kontrolle des Lac-Operators stehenden klonierten DNA Abschnittes; das zweite Plasmid, das „runaway"-Plasmid, repliziert sich ebenfalls normal, also etwa gleich wie das erste Plasmid. Erhöht man die Temperatur z. B. nach Erreichen der gewünschten Zelldichte, so stoppt die Replikation des ersten Plasmids, das „runaway"-Plasmid beginnt mit hoher Kopiezahl zu replizieren, wodurch auch das Lac-Operatorsystem amplifiziert wird. Da bald nicht mehr genügend Lac-Repressor zur Verfügung steht, um die vielen entstandenen Lac-Operator-Kopien zu blockieren, beginnt die Expression des gewünschten Genprodukts

---

[1]) Der Lac-Repressor bindet an den Lac-Operator, wodurch die Transkription verhindert wird. Dieses System der Regulation der Lactose-Vergährung ist in Klonierungsstrategien vielfach verwendet worden (vgl. WINNACKER 1985)

vom klonierten Gen ungehindert vor sich zu gehen. Derartige Produktionsstämme könnten z. B. in der Antibiotikaindustrie zukünftig eine besondere Rolle spielen, wenn man die „produzierenden" Gene von den „schützenden" durch Klonierung trennt.

Heute gibt es eine Vielzahl von Plasmidvektoren, die alle entsprechend einer besonderen Aufgabenstellung konstruiert sind, eine kleine Auswahl davon ist in Tab. 24 zusammengestellt.

Tabelle 24
Auswahl einiger Plasmide, die für die Klonierung heterologer DNA verwendet werden (vgl. GASSEN et al. 1985, PRIFER u. PÜHLER 1985, WINNACKER 1985)

Bezeichnung	Herkunft	Größe in kb	selektive Marker	Klonierungsstelle
pBR322[1])	ColE1	4,36	Ap, Tc	Ap — PstI[2]) Tc — BamHI
pMK16	ColE1	4,6	Km, Tc	Km — SmaI Tc — BamHI
pACYC184	P15a	4,0	Cm, Tc	Cm — EcoRI Tc — BamHI
pSUP104[3])	pSF1010	9,5	Cm, Tc	Cm — EcoRI Tc — BamHI
pBD12[4])	pC194 + pUB110	6,7	Cm, Km	Km — BglII
pHV14[5])	pBR322 + pC194	7,0	Cm, Ap	Ap — PstI

[1]) vgl. Abbildung
[2]) es werden hier jeweils nur die gebräuchlichsten Klonierungsstellen angegeben
[3]) Plasmid mit breitem Wirtsbereich, Vektor für E. coli, Pseudomonaden, Rhizobien etc
[4]) Vektor für grampositive Bakterien
[5]) „shuttle-"Vektor zwischen grampositiven und gramnegativen Bakterien (vgl. Text)

Bemerkenswert sind Klonierungsvehikel wie z. B. das Plasmid pSU104 mit einem breiten Wirtsbereich, die eine universellere Anwendung als das Plasmid pBR322 erlauben. Das Plasmid pSUP104 besitzt die Replikationsregion des IncQ Plasmids pSF1010 (vgl. Tab. 5) und kann sich sowohl in Enterobacteriaceae als auch in Stämmen von Pseudomonaden stabil replizieren. Mit Hilfe solcher Vehikel kann z. B. in *E. coli* kloniert werden, dann in *Pseudomonas* als Endrezipient transformiert bzw. auch mobilisiert werden, bzw. das klonierte Stück DNA hinsichtlich der zu bildenden Genprodukte definiert werden (z. B. bei der Analyse der Stickstoffbindungsgene von *Rhizobium*-Arten). Plasmidvektoren von solchen Typen mit einem breiten Wirtsbereich haben den Vorteil, daß man sie auch für Transformations-refraktäre Stämme einsetzen kann, auf die durch Mobilisierung bzw. auch durch Konjugation eine Übertragung des klonierten Stück DNA möglich wird. Solche IncQ Abkömmlinge weisen darüberhinaus eine hohe Zellstabilität auf, was sie insbesondere gegenüber den ColE1 Abkömmlingen wie pBR322 als End-Vektor bevorteilt.

Auch aus dem transferablen P Plasmid RP1 (IncP Gruppe siehe Tab. 5), welches ebenfalls einen breiten Wirtsbereich aufweist, hat man Klonierungsvehikel konstruiert. RP1 hat den Vorteil, daß es im Gegensatz zu vielen anderen natürlichen Plasmiden meistens nur eine Schnittstelle für Endonukleasen besitzt (z. B. EcoRI, BamHI), hat aber den Nachteil, daß es als transferables Plasmid durch eine mögliche unkontrollierte Verbreitung des klonierten Stück DNA aus Sicherheitsgründen ungeeignet ist. Um einerseits die großen taktischen Vorteile eines transferablen Plasmids mit großem Wirtsbereich für Klonierungsstrategien zu nutzen (z. B. bei Transformations-refraktären Stämmen), andererseits eine unkontrollierte Verbreitung des Plasmids zu verhindern, wurde das PR1 in zwei Vehikel zerlegt: die Tra-Region von RP1 wurde mit der Rep-Region des ColE1 Plasmids verknüpft (das Plasmid pRK290: tra, rep ColE1, Km), die Rep-Region von RP1 (vgl. Abb. 5; sie liegt „verstreut" auf dem Plasmidgenom) mit der Tc-Region verbunden (das Plasmid pRK2013: rep, mob, Tc). Das Plasmid pRK2013, welches z. B. in der Tc-Region die Klonierungsstelle trägt, kann in *E. coli* in-vitro rekombiniert werden und dann nach Transformation auf *E. coli* mit Hilfe des Plasmids pRK290 auf alle gewünschten Rezipienten weiter mobilisiert (eigentlich konjugativ komplementiert) werden. Das Plasmid pRK290 kann sich aber außerhalb der typischen Enterobacteriaceae nicht replizieren (z. B. in Pseudomonaden), so daß nur das nichttransferable Plasmid mit der heterologen Sequenz im Rezipienten übrig bleibt. Dadurch wird den Sicherheitsansprüchen Genüge getan.

In Kapitel 2 war die evolutionäre Distanz zwischen den Plasmiden aus grampositiven und gramnegativen Bakterien geschildert worden, was sich auch für die verwendeten Klonierungsvektoren widerspiegeln muß. Benutzt man z. B. das grampositive Bakterium *Bacillus subtilis* als Wirtsbakterium, so kommen Plasmide wie pBD12 (Tab. 24) und verschiedene andere zum Einsatz (die Klonierungsstrategien unterscheiden sich allerdings nicht, jedoch muß man bei der Transformation von grampositiven Bakterien mit künstlich hergestellten Protoplasten arbeiten). Zur Überwindung der evolutionären Distanz zwischen den grampositiven und gramnegativen Bakterien hat man zum „Überspringen" dieser Grenze sogenannte „Hin-und-Her-"Vektoren (shuttle-Vektoren) konstruiert, Plasmide, die die Rep-Region eines Plasmids aus grampositiven und die Rep-Region eines Plasmids aus gramnegativen Bakterien gleichermaßen besitzen (z. B. das Plasmid pHV14, vgl. Tab. 24). Dieses Plasmid pHV14 kann in *E. coli* wie auch in *B. subtilis* oder *Staph. aureus* replizieren und ist als Klonierungsvehikel beiderseitig zu verwenden. Man hat jedoch interessanterweise festgestellt, daß sich das *Staph. aureus*-Plasmid pC194 (vgl. Tab. 5) sowohl in gramnegativen (*E. coli*) wie auch in grampositiven Bakterien und Hefen replizieren kann, so daß man eine Vielzahl von „shuttle"-Vektoren ausgehend von pHV14 konstruierte, die nur noch die Rep-Region von pC194 besitzen. Heute gibt es darüber hinaus „Hin-und-Her"-Vektoren für eine ganze Reihe von evolutionären Grenzüberschreitungen, z. B. für *E. coli* — Hefen, *E. coli* — *Streptomyces*, *E. coli* — animale Zelle etc. Eine besondere Form eines natürlichen „shuttle" zwischen *E. coli* und Pflanzenzellen liegt mit der T-DNA-Region des Ti-Plasmids von *Agrobacterium tumefaciens* vor, einem Plasmid, welches die Tumorbildung einer Vielzahl von zweikeimblättrigen Pflanzen erzeugt (zur Ti-Plasmid induzierten Tumorigenese siehe S. 110). Wie Abb. 35 zeigt, besteht die T-Region des WHR-Ti-Plasmids aus zwei Teilen, der T_L und der T_R Region. Nur die T_L Region trägt die Gene „tms, tmr, tml und ocs", die für die Bildung von Phytohormonen (Auxin und Cytokinin) und Opinen und damit für die Tumorbildung zuständig sind. Beide Teile der T-Region integrieren durch die Aktion der Vir-Gene und der 25 bp großen flankierenden Erkennungs- bzw. Rekombinationsregionen, z. T. gemeinsam, z. T. unabhängig voneinander. Beide Teile werden sowohl mitotisch als auch meiotisch weitergegeben. Während die T_L Region allein für die Tumorbildung verantwortlich ist, bildet die T_R Region lediglich die Agropinsynthetase (oder andere Opin-Synthetasen), so daß man diese Region für Manipulationen insbesondere in Betracht gezogen hat (vgl. dazu aber die LHR-Ti-Plasmide, oder die Ri-Plasmide). Konstruiert man ein Ti-Plasmid, dem die linke Region der T-DNA fehlt, so sind diese zwar nicht mehr in der Lage, eine Tumorbildung zu erzeugen, die DNA Sequenz von 10 kb der T_R Region kann aber im Genom nachgewiesen werden. Kloniert man nun in diese T_R-DNA Region die gewünschte Sequenz mit dem zu manipulierenden Gen, so kann diese spezielle Region ins Genom integrieren. Schwierigkeiten dabei bereitet nur, daß man die T-Region nicht losgelöst vom Ti-Plasmid mit Restriktionsendunukleasen behandeln kann, um die gewünschte Sequenz einzubauen (das Ti-Plasmid ist ja kein Klonierungsvektor). Dazu gibt es aber heute bereits eine Vielzahl von Lösungsversuchen: eine Lösung dabei ist, daß man in Transposons (Tn7, Tn5) die gewünschte klonierte DNA inseriert und durch einen Transpositionsvorgang gemeinsam in die T_R Region „hineinspringen" läßt. Die T_R Region besitzt entsprechende Stellen für eine gezielte Transposonintegration. Eine andere Lösung mit zukunftsweisender Bedeutung zeigt sich durch die Verwendung des Transposons „tau". Bei genauer Analyse der flankierenden 25 bp der T-DNA als Erkennungs- bzw. Rekombinationsregion zeigte sich, daß nur die rechte, flankierende 25 bp Region für die Integration der T_L DNA Region wichtig ist, die linke 25 bp Region dagegen ist zur Integration nicht essentiell; sie arbeitet als eine Art Terminator für die ins Pflanzengenom einzubauende DNA: es besteht die Hypothese, daß die T_L DNA vom rechten 25 bp Punkt nach links replikativ-gelesen ins Pflanzengenom so lange „eingefädelt" wird, bis die Replikation an einem Terminator, spätestens am linken 25 bp Punkt endet. Kloniert man die rechte 25 bp Region mit dem unmittelbar anhängenden ocs-Gen als Erkennungsmarker (vgl. Abb. 35) in ein Tn5 Transposon, so hat man die Möglichkeit, daß dieses „shuttle" Transposon sowohl in *E. coli*-Plasmiden, ins Ti-Plasmid als auch ins Pflanzengenom integrieren kann. Dieses Transposon, als „tau" bezeichnet, kann durch ein T-DNA freies Ti-Plasmid als Helfer ins Pflanzengenom transportiert werden, sogar, wenn es sich auf einem anderen Plasmid (z. B. auf dem W-Plasmid pGV1106) in „trans" befindet. Das Transposon „tau" überträgt dasjenige Stück DNA Sequenz mit ins Pflanzengenom, welches sich links von der 25 bp Startregion befindet. Ähnliche Befunde zur T_R Region liegen nicht vor. Mit dem Transposon „tau" ist eine weitere Möglichkeit zur Manipulation des Pflanzengenoms geschaffen.

Obwohl heute eine Vielzahl neuartiger und andersartiger Klonierungsvehikel vorliegt (z. B. Viren der Pflanzen, Tiere, Bakterien; vgl. auch die Cosmide und die sogenannten 2 μm Plasmide der Hefen) zeigen die hier angeführten Beispiele, daß die Gentechnik, die ursprünglich von der Plasmidforschung ihren Ausgang nahm, immer noch attraktive Strecken mit Hilfe der Plasmidvektoren zu begehen hat.

Die großen Erwartungen, die in die Gentechnik im Rahmen der Genomanalysen, der gezielten Manipulation genetischen Materials und letztlich als Teil der Biotechnologie[1]) und landwirtschaftlichen Züchtungsforschung gesetzt werden, bestehen unbestritten zurecht. Dennoch muß man betonen, daß heute noch zwischen dem im Labor Erdachten und Modellierten und dem tatsächlich in der Praxis schon Machbaren eine große Lücke klafft. Nur ein gerin-

Tabelle 25
Beispiele biotechnologischer Produkte und Leistungen von genetisch hergestellten Bakterienstämmen

Lebensmittelindustrie:	Enzyme (Amylase, Glukanase) Vitamine (B12) Aminosäuren (Tryptophan)
Pharmazeutische Industrie:	Antibiotika (Produktion, geschneiderte Moleküle) Impfstoffe (Antikolonisationsvaccinen z. B. K88; Herpes simplex I; Hepatitis) Hormone (Insulin, Relaxin, Somatostatin, Somatotropin) Zellregulatoren (Interferon, Lymphokine, Urokinase, Antihämophiler Gerinnungsfaktor) Endorphine
Futterindustrie:	Eiweißproduktion auf Abfall- und Erdölbasis
Abwasserreinigung:	Phenolabbau, Abbau chlorierter Kohlenwasserstoffe (Pestizide, Herbizide)
Erstbesiedlung:	Abraumhalden, Ölverpestung

kerer Teil der in Tab. 25 zusammengestellten Projekte und Möglichgeiten der angewandten Gentechnik sind in der Praxis auch schon realisiert. Der noch weite und auch mühsame Weg zu diesen attraktiven Zielen darf nicht dazu führen, daß man die wissenschaftliche Arbeit, die mit hohen Investitionen betrieben werden muß, als nicht ergiebig genug und die zu finanzierenden Projekte als nicht ökonomisch vertretbar bezeichnet. Von der Plasmidforschung her können neue Vektoren, bessere und stabilere

[1]) Unter Biotechnologie verstehen wir heute neben der Gentechnik die Verfahren und Methoden zur Stammverbesserung, zur Fermentationstechnik, Methoden zur Herstellung monoklonaler Antikörper, der extrakorporalen Befruchtung, Züchtung von Zelllinien etc.

Produktionsstämme und schnellere Klonierungsstrategien erwartet werden, so daß der Aufwand im Vergleich zum Nutzen immer geringer wird. Auch sind die bisherigen Vektoren oft nur mit kleinen Inserten (bis zu 10 kb) stabil, so daß sie vielfach nur für die Primär- und Sekundärklonierung geeignet sind. Man stellt daher Überlegungen an, ob und wie man „natürlich" vorkommende Plasmide, die über eine hohe Zellstabilität im entsprechenden Produktionsstamm verfügen, als Endvektoren für die klonierte DNA einsetzen kann. Auch das Aufsammeln verschiedener klonierter DNA Sequenzen auf einem großen Plasmid (ähnlich wie das „gene pick up") könnte für biotechnologische Fragen interessant sein (z. B. wie ein zweites Chromosom). Dazu bieten sich zum Beispiel Transposons an, in die heterologe DNA subkloniert wird. Mit Hilfe der Transpositionsspezifität (z. B. Abkömmlinge der Tn7 Familie) könnten dann die klonierten Sequenzen in die natürlich vorkommenden Plasmide mit hoher Zellstabilität übertragen werden (vgl. dazu die Prozeduren mit dem Transposon „tau" vom Ti-Plasmid aus *Agrobacterium tumefaciens*).

Solche zusätzlichen in-vito Techniken wie Plasmidtransfer und Transpositionen diskreter DNA Sequenzen in Kombination mit den in-vitro Techniken erweitern die Möglichkeiten der Gentechnik und sind vor allem zur Konstruktion von solchen Stämmen unerläßlich, deren Einsatz direkt in der natürlichen Umwelt vorgesehen sind, z. B. für die Abwasserreinigung zum Abbau von schwer-degradierbaren Kohlenwasserstoffen (Pestizide, Herbizide) oder für die Eiweißproduktion zu Futterzwecken z. B. aus Erdölresten oder aus Abfällen.

Die großen Möglichkeiten der Gentechnik, genetisches Material ganz unterschiedlicher evolutionärer Kreise zu kombinieren, hat bei einigen Wissenschaftlern ethische Bedenken ausgelöst. Sie haben das mit diesen Techniken zum Teil verbundene Sicherheitsrisiko herausgestellt und in die Öffentlichkeit, vielfach verbunden mit unnötigen Spekulationen getragen. Entgegen allen abwegigen Phantasien über „Monster aus der Retorte", „Menschen nach Maß" oder „Schöne neue Männerwelt" und der wenig qualifizierten Gleichsetzung der „Genspaltung" mit der Atomspaltung muß man die Gentechnik als eine naturwissenschaftliche Methode mit großen zukünftigen Möglichkeiten herausstellen, die in positiver wie auch in negativer Hinsicht vom Menschen genutzt werden kann. Damit unterliegt die Gentechnik, wie alle bisherigen bahnbrechenden Erkenntnisse der Wissenschaften, dem gleichen Schicksal einer Entwicklung zum Wohle oder zum

Verderben der Gesellschaft. Das zwingt über die gesellschaftlichen Zustände unserer Zeit nachzudenken und nicht darüber, wie bestimmte Erfindungen lieber nicht zu erfinden sind.

Leider ist die Entwicklung der Gentechnik in eine Zeit reaktionärer Wissenschaftsfeindlichkeit und einer „Zurück-zur-Natur"-Bewegung gefallen, welche die Gefahren überinterpretiert und die Vorzüge des Fortschritts vernachlässigt. Abgesehen davon, daß man z. B. biologisch hochwirksame Toxine, die normalerweise nur in Spuren vorkommen, in Massen bereitstellen kann, oder daß man beim Klonieren „schlafende" Krebssequenzen wecken kann, sind doch die meisten Risiken im Umgang mit diesen Technologien nicht größer als es der Umgang mit pathogenen Viren und Bakterien der Fall ist. Hierzu gibt es seit Jahren eine Reihe sehr gut funktionierender Richtlinien und Sicherheitsbestimmungen, die vom Experimentator eingehalten werden müssen und mit deren Hilfe keine Sicherheitsrisiken für die Bevölkerung vorliegen.[1]) Auch für das Arbeiten mit in-vitro Rekombinationen liegen international ähnliche, für die jeweiligen nationalen Bedürfnisse abgestimmte Richtlinien vor (z. B. in der DDR im Gesetzblatt), was auch die Beurteilung gesellschaftlich relevanter Forschungsthemen mit einschließt.

7.2. *Plasmid-Diagnose und Infektionskrankheiten*

Wenn Plasmide eine so entscheidende Rolle für die qualifizierte Ausstattung der Bakterien spielen (vgl. Kap. 6), dann müßte man mit Hilfe der Plasmidbestimmung Rückschlüsse auf die besonderen klinischen und epidemiologischen Qualitäten der isolierten Bakterien ziehen können. Dieses erscheint um so wichtiger, als man durch die Erfassung von Pathogenitätsmerkmalen von Bakterien gleicher taxonomischer Einheiten zusätzliche Unterscheidungsmöglichkeiten in der Hand hat. Heute ist das für die medizinische Mikrobiologie und Epidemiologie immer notwendiger geworden. Die klassische Konzeption der medizinischen Mikrobiologie, daß man mit einer taxonomischen Bestimmung eines Bakteriums gleichzeitig auch das ätiologische Agens einer Infektionskrankheit erfaßt, ist immer mehr ins Wanken

[1]) Seit Jahren wird mit pathogenen Viren und Bakterien gearbeitet und nur sehr selten werden Laborinfektionen, nie aber epidemieartige Ausbrüche registriert.

geraten. So kann man heute allein für *E. coli* 8 verschiedene ätiologische Gruppen (Stammtypen) unterscheiden, die sich zwar als taxonomisch gleich, aber als klinisch und epidemiologisch völlig divergent erweisen (Tab. 26).

Tabelle 26
Klinische Variationsbreite von *Escherichia coli*

Typus[1])	klinisches Bild	Serotypen[2])	Virulenzmerkmale
EPEC	Dyspepsie, Durchfall[3])	0111 : H2 055 : H12	Adhäsine, Cytoxine, Zerstörung der Mikrovilli
ETEC	Diarrhoe, Cholera-like	078 : H12 08 : H37	Adhäsine (CFAI), Enterotoxine (LT, ST)
EIEC[4])	Dysenterie, Shigella-like	0124 : H⁻ 0164 : H⁻	Penetration, Membranproteine, Hydrophobität, Cytotoxine
UPEC	Harnweginfektion, Cystitis Pyelitis, Pyelonephritis	04 : H1 06: H31	Adhäsine, Hämolysine, Serumresistenz
NEPEC	Pyelonephritis (hämatogen)	01 : K1 : H1	Adhäsine (F9, F11), Serumresistenz, Aerobactin, manchmal Hämolysin
SEPEC	Septikämie, Meningitis	018 : K1 : H7	Serumresistenz, Aerobactin, Adhäsine
HEPEC	Hämoragische Colitis	0157 : H2 026 : H11	Shigella-like Cytotoxin (Shigatoxin)
NOPEC	nicht pathogen, Darmflora	Div.	keine

[1]) spezielle *E coli* für respiratorische Infektionen sind bisher nicht analysiert worden
[2]) Auswahl einiger wichtiger Serotypen
[3]) nur bei Kindern unter einem Jahr
[4]) alle besitzen das typbestimmende 140 Md große FI Plasmid

E. coli ist normalerweise ein Kommensale der gesunden Darmflora (NOPEC), und die Ausrüstung mit zusätzlichen Pathogenitätseigenschaften muß umso deutlicher die Zirkulation und den mosaikartigen Aufbau deutlich machen (Kap. 6.2., 6.3.). Während die intestinalpathogenen *E.-coli*-Gruppen (EPEC, ETEC, EIEC, HEPEC), die uropathogenen *E.-coli*-Gruppen (UPEC, NEPEC) und die septikämischen *E.-coli*-Gruppen (SEPEC) sich deutlich definieren lassen, sind für den Respirationstrakt bisher noch keine entsprechenden *E.-coli*-Stämme als ätiologische Agenzien definiert worden. Trotz einer Reihe von serofermentativen Unterschieden zwischen diesen einzelnen ätiologischen Gruppen (die jedoch sehr fließend sind) muß man sich die Frage stellen, welchen klinisch-mikrobiologischen und diagnostischen Wert es noch hat, wenn man im Zusammenhang mit einer Infektionskrankheit lediglich die Feststellung trifft, daß ein *E. coli* isoliert wurde. Dabei nimmt man in der Praxis vielfach die Keimzahl als Hilfskriterium hinzu, jedoch kann die Keimzahl nicht entscheiden, ob ein solches Isolat das ätiologische Agens sein könnte, oder ob es sich um einen fäkalen Kontaminanten handelt. Eine derartige differenzialdiagnostische Diskriminierung ist nur möglich, wenn man die *E.-coli*-Isolate hinsichtlich ihrer biologischen Leistungen prüft, z. B. Toxine zu produzieren, Adhäsine auszubilden oder eine Resistenz gegen die bakteriziden Mechanismen des Makroorganismus aufzuweisen.

Analoge Verhältnisse sind für andere Bakteriengruppen anzutreffen, wie für *Citrobacter*, *Klebsiellen*, *Enterobacter*, *Staphylokokken* etc., aber auch für die klassischen Erreger von Infektionskrankheiten wie *Shigellen* und *Yersinien* oder *Streptokokken* ist eine innerartliche Differenzierung im Zusammenhang mit bestimmten klinischen Bildern dringend notwendig geworden. Da viele dieser qualifizierenden Faktoren und Leistungen durch Plasmide kodiert werden, ist es konsequent, das Gesamtvorkommen der Plasmide (das **Plasmidprofil** eines Stammes), die Artzugehörigkeit der einzelnen Plasmide (**Plasmidtypisierung**) und die somatischen Funktionen der einzelnen Plasmide als Diagnostikum in die klinische Mikrobiologie und Epidemiologie mit einzubeziehen. Eine solche Gesamtanalyse wird als **Plasmidmusteranalyse** (PMA) bezeichnet, sie schließt die Anzahl, die Größe, die Artzugehörigkeit und die somatischen Leistungen der in einem Stamm insgesamt vorkommenden Plasmide ein (Tab. 27).

Die Plasmidmusteranalyse ist eine sehr fein diskriminierende Methode, die eine klonale genetische Identität von Bakterienstämmen anzeigt (Klonformel). Abgesehen von den typbestimmenden Plasmiden (Tab. 21), sind die unendlich verschiedenen Plasmidkombinationen geeignete „Muster“, ein Spiegelbild des **Baukastenprinzips** und der „individuellen“ Ausrüstung einzelner bedeutsamer Klone wiederzugeben.

Die typbestimmenden Plasmide haben mehr einen diagnostischen

Tabelle 27

Übersicht zur Plasmidmusteranalyse

	Plasmidtypisierung	Plasmidprofil	Plasmidmusteranalyse
Inhalt:	Voraussetzung: ein Plasmid, separiert in *E. coli* K12 Bestimmung von fin-Typ, Pilus-Typ, Inc-Gruppe, Molekulargewicht (Restriktionsmuster), somatische Funktionen wie Resistenz, Virulenz, incl. der genetischen Struktur dieser Determinanten (Transposons)	Voraussetzung: Originalstämme (Patientenstämme, Wildstämme) Bestimmung aller Plasmidmoleküle aufgrund ihrer Größe (Agarosegelelektrophorese) in einem betreffenden Patienten- oder Wildstamm (Gesamt-DNA-Bestimmung)	Zusammenfassung von Plasmidtypisierung und Plasmidprofilbestimmung (neue epidemiol. Labormethode) Feindiskriminierung und Typisierung von Bakterienstämmen (Patientenstämme, Wildstämme)
Anwendung:	Speziesbestimmung einzelner Plasmide (H, I, K, M etc.) Charakterisierung der genetischen Grundlagen der Pathogenität, der Resistenzentwicklung, metaboler Leistungen, biol. Veränderungen der Bakterien (Lysotypen, Biochemotypen, Col-Typen, Antibiogramm)	Orientierung über das Gesamtvorkommen einzelner Plasmide in einem Patientenstamm Vorprüfung für die Plasmidmusteranalyse Schnelltest für epidemiol. (klonale) Zusammenhänge	Klonale Charakterisierung von Stämmen Untersuchungen zum genetischen „Baukasten"-Charakter der Bakterien

Tabelle 27 (Fortsetzung)

	Plasmidtypisierung	Plasmidprofil	Plasmidmusteranalyse
Aussage:	Plasmid-Spezies-Konzeption Plasmid-Zirkulation (incl. Transposon-Migration) Zirkulationskonzept in der Epidemiologie und klin. Bakteriologie Erregerwandel Klonale Verbreitung von Plasmiden	Orientierende Zuordnung zu Klonen, orientierende Zuordnung von Phänotypen zum Plasmidgehalt	Klonkonzeption in der Epidemiologie und klin. Bakteriologie Abschätzung der Bedeutung des Baukastenprinzips (mosaik-Natur) des bakt. Phänotyps Klonale Verbreitung von Stämmen Erregerwandel Erregerwechsel

als einen diskriminierenden Wert, da sie als einzelne markante Plasmidspezies mit einer „en bloque“ Konversion aufwarten und unterschiedliche Bakterientypen in einen einheitlich erscheinenden Typ verwandeln. Zum Beispiel ist das 140 Md große FI-Virulenzplasmid, was in allen virulenten *Shigella*-Arten angetroffen wird, auch für die *Shigella*-like *E.-coli*-Stämme typisch, so daß man die Anwesenheit dieses Plasmids als ein diagnostisches Kriterium verwenden kann. Ähnliches würde zutreffen, wenn man z. B. das 140 Md Plasmid in *Klebsiella*- oder *Citrobacter*arten antrifft, oder wenn das 46 Md große Yersinia-Plasmid in einem klinischen Stamm von *E. coli* vorkommt.

In Tab. 28 sind eine Anzahl von Beispielen von klinisch und epidemiologisch bemerkenswerten Stämmen aufgeführt, die mit der Plasmidmusteranalyse charakterisiert und differenziert worden sind.

Da man unter den pathogenen Bakterien nur sehr selten plasmidfreie Stämme antrifft (z. B. sind die *Bordatella pertussis*-Stämme oder die *Pasteurella multocida*-Stämme in der Regel plasmidfrei), kann man die Plasmidmusteranalyse als eine universell anwendbare Methode einstufen. Sie verhilft zu einer Reihe bemerkenswerter Feststellungen und Ergebnisse, die für die Epidemiologie und Mikrobiologie der bakteriellen Infektionskrankheiten von entscheindender und zukünftiger Bedeutung sind:

1. **Mit Hilfe der Plasmidmusteranalyse läßt sich eine besondere Qualifizierung von Isolaten ermitteln**, die von verschiedenen Materialien erkrankter Menschen oder Tiere stammen. Eine Differenzierung von taxonomisch gleichen Stämmen mit klinisch sehr unterschiedlicher Qualifizierung hilft z. B. die Standortflora, Körperflora oder Kontaminanten von dem eigentlichen ätiologischen Agens zu unterscheiden. So traten in einer Kinderklinik eines Bezirkskrankenhauses über einen längeren Zeitraum *Klebsiella pneumoniae*-Stämme im Zusammenhang mit septikämischen Erkrankungen (Meningitis, Sepsis, Pneumonie) auf, und die Frage stand zu beantworten, ob es sich hierbei um spezielle, besonders qualifizierte Krankheitserreger oder um zufällige Anflugkeime bei den Kindern handelte. Mit Hilfe der Plasmidmusteranalyse (Tab. 28, 29) ließ sich zeigen, daß ein ganz bestimmter Klon zu charakterisieren war, der aufgrund seines Plasmidbesatzes eine besondere Qualifizierung (Resistenz, Virulenz) für septikämische Infektionen besaß. Im Gegensatz dazu ließen sich aus der Standortflora des Krankenhauses meistens andere Kleb-

Tabelle 28

Beispiele der PMA von klinisch bedeutsamen Bakterien

Stamm	Profil	Plasmidtypen	klinische Bedeutung
E. coli 0111 : H2	65	FI: CmSmSuTcApKmPhi (Resistenz)	EPEC, Enteritis-Hospitalismus in Kindereinrichtungen klonale Verbreitung in verschiedenen Hospitälern der DDR
	48	Tra; Virulenz	
	2,5	cryptisch	
	1,4	cryptisch	
E. coli 0111 : H2	60	FI: cryptisch	EPEC, Enteritis-Hospitalismus in Kinderkliniken, Verbreitung in verschiedenen Ländern wie DDR, Ungarn, VR Polen, Irak
	60	Z: SmSuTc (Resistenz)	
	45	Tra: Virulenz	
	40	nt: CmSmSuTcKm (Resistenz)	
	29	Prophage (Verotoxin?) (Virulenz)	
	4,8	nt: Ap (Tn1)	
	1,5	cryptisch	
	1,1	cryptisch	
E. coli 018 : K1 : H7	110	C: CmSmSuTpApGm (Resistenz)	Meningitis, Krankenhausepidemie. Durch die breite Therapieresistenz klinische epidemiologische Komplikationen
	100	FI: Hyd IssColV (Virulenz)	
	70	I1: Tc (Resistenz)	
E. coli 078 : H12	60	FI: CFAI (Fimbrien) ST (Toxin)	ETEC, Ausbruch von Chloera-like Infektionen in Äthiopien
	50	FII: LT (Toxin)	
Shigella sonnei LT79, cd, 12	120	FI: Virulenz (Invasion)	Ausbruch von Dysenterie in verschiedenen Gebieten der DDR klonale Verbreitung eines Erregers. Durch Therapieresistenz gegen Neomycin Auftreten von Komplikationen
	80	I1: CmSmSuTcKmAp	
	40	Tra: cryptisch	
	7,5	ColE3	
	2,8	cryptisch	

Tabelle 28 (Fortsetzung)

Stamm	Profil	Plasmidtypen	klinische Bedeutung
Salmonella typhimurium LT194, Biotyp b	60 3,5	FII: (Invasivität) (Virulenz). cryptisch	In den Jahren 1972 bis 1983 häufigster Epidemietyp in der DDR. Salmonellose bei Rind, Schwein und Geflügel, Mensch Lebensmittelvergiftungen und Gastroenteritiden beim Menschen. Besaß eine chromosomale TcSu Resistenz.
Providencia stuartii 072	120 40	C: Su, Iss nt: (Virulenz?)	Epidemiestamm in Krankenhäuser. Verursacher von postoperativen Bakteriuriden und Pyelonephritiden. Hospitalismus
Klebsiella pneumoniae	120 100 3,0 2,1	C: SmSuTcAp (Resistenz) FI: Hyd, Iss, ColV (Virulenz) cryptisch cryptisch	Hospitalismus (Septicaemien, Meningitiden) bei Kindern

siella-Stämme isolieren, die mit diesem äthiologischen Agens genetisch, und damit auch epidemiologisch, nicht in Verbindung zu bringen waren. Daher konnte folgender Schluß gezogen werden:

a) Es muß in der Kinderklinik über einen längeren Zeitraum hin ein besonderer *Klebsiella*-Hospitalismus vorhanden gewesen sein. Mit Hilfe der Plasmidmusteranalyse ist er als ätiologisches Agens wahrscheinlich gemacht worden.
b) Im Krankenhaus müssen Infektketten vorhanden sein, die eine Weitergabe des Stammes über einen längeren Zeitraum garantieren.

Tabelle 29

Anwendung der PMA zur Diskriminierung von Krankenhausstämmen

Ausgangspunkt: gehäuftes Auftreten von *Klebsiella pneumoniae* in Materialien von Patienten (Kinder)

Materialien von Patienten	PMA				
Liquor	120	100	3,0	2,1	
Blut	120	100	300	2,1	
Abstrich (Auge)	120	100	3,0	2,1	
Stuhl	120	100	3,0	2,1	
Materialien von der Umgebung					
Stuhl	55	20	1,0		
Abstrich	3,5	2,5	1,0		
Personal	55	10	5,0	2,0	1,0
	u. a. m.				

Schlußfolgerung:

Die einheitlichen PMA der Patientenisolate im Gegensatz zu den Umgebungsisolaten weisen daraufhin, daß ein ätiologisches Agens (pathogener *K. pneumoniae* Klon) vorliegen muß. Zur Analyse dieses Klons siehe Tabelle 28

c) Mit Hilfe der Plasmidmusteranalyse konnte gezeigt werden, daß der besondere Infektionserreger nicht massenhaft in der Standortflora des Krankenhauses vorkommt.

2. **Mit Hilfe der Plasmidmusteranalyse läßt sich der epidemische Prozeß** eines betreffenden Krankheitserregers, d. h. die Quelle, Ausbreitungswege, Vehikel und andere Besonderheiten der Ausbreitung (Abb. 46, 47, 48) **ermitteln.** Dabei ist die Anwendung der Plasmidmuster besonders dort wertvoll, wo mit anderen epidemiologischen Labormethoden eine Subdifferenzierung bisher nicht möglich war (Tab. 28; Beispiel *Providencia stuartii*). Aber auch für solche Krankheitsbilder, für die man bisher epidemiologische Zusammenhänge gar nicht annahm (z. B. Harnwegsinfektionen), können derartige Analysen vorgelegt werden.

In der Zeit zwischen 1979 und 1981 traten in verschiedenen Krankenhäusern der DDR gehäuft Dyspepsie-Durchfälle mit z. T. erheblichen klinischen Konsequenzen bei Neugeborenen auf, obwohl diese besonderen EPEC-Stämme (vgl. Tab. 26) in der DDR seit den sechziger und siebziger Jahren außerordentlich selten und fast bedeutungslos geworden waren. Es handelte sich dabei um mehrfachresistente Stämme vom Typ 0111 : H2 (vgl. Abb. 46), und es war die Frage zu klären, ob sich ein neuer virulenter EPEC-Klon in der DDR ausgebreitet hatte oder ob gewisse hygienische Unzulänglichkeiten das Aufkommen dieser als zurückgedrängt angesehenen Krankheit erlauben. Die Plasmidmusteranalyse konnte zeigen:

a) daß zwei verschiedene Klone (A, B, Abb. 46) sich auf dem Territorium der DDR verbreitet haben, die außer einem gleichen Virulenzplasmid (Cytotoxin?) sich genetisch total unterschieden (Tab. 28).
b) Der Klon B ist mit EPEC-Stämmen aus Ungarn, der VR Polen und dem Mittleren Osten identisch. Sie gehören demnach zu einem möglicherweise weltweit verbreiteten EPEC-Klon.
c) Beide Klone ließen außer der Mehrfachresistenz keine besondere, über andere EPEC-Stämme hinausgehende Virulenz erkennen. Daher sind die klinisch aufgetretenen Komplikationen eher auf einen Therapiemißerfolg zurückzuführen (Einsatz von Antibiotika-Regimen ohne mikrobiologische Absicherung).
d) Ein zufällig gehäuftes Vorkommen durch hygienische Unachtsamkeit muß ausgeschlossen werden. Für beide Klone muß ein gemeinsames epidemiologisches Vehikel vorliegen. Die besondere territoriale Verbreitung (in Bezirken) beider Klone legt nahe, dabei an die Patientenverlegung zu denken.

3. **Mit Hilfe der Plasmidmusteranalyse lassen sich bei Großraumepidemien** die eigentlichen, epidemiologisch zusammenhängenden **Klone** von anderen ebenfalls vorkommenden Stämmen **differenzieren.** In den letzten 10 Jahren wurden in vielen Gebieten der Erde zunehmend typhusähnliche Salmonellosen bei Kindern beobachtet (Fieber, Bakterieämie, Pneumonie-ähnlich, Durchfall), die jedoch nicht durch *S. typhi,* sondern durch *S. typhimurium* verursacht wurden. Diese *S. typhimurium*-Stämme, die die WHO unter eine besondere Überwachung stellte, ähneln sich auffallend:

— Sie sind serotypisch, biochemotypisch und in ihrem Lysotyp identisch.
— Sie besitzen alle eine breite Antibiotikaresistenz, meistens gegen Chloramphenikol, Streptomycin, Spektinomycin, Sulfonamide, Tetracycline, Ampicillin, Carbenicillin, Cephaloridin, Neomycin und Kanamycin.

- Sie lassen sich nur bei Menschen nachweisen, bei Tieren treten sie weder sporadisch noch epidemisch als Krankheitserreger oder als Ausscheiderstämme auf.
- Ihre epidemische Ausbreitung ließ sich besonders in solchen Einrichtungen registrieren, wo enge Kontaktketten bestehen (Kindergärten, Krankenhäuser, Psychiatrien).
- Sie verursachen generelle Erkrankungen, septische Verläufe, hohes Fieber mit schlechten Allgemeinzuständen, so daß eine Antibiotikatherapie als Mittel der Wahl angesehen wird. Durch das Vorliegen einer breiten Antibiotikaresistenz ist jedoch eine Therapiemöglichkeit empfindlich eingeschränkt, was vielfach zu dramatischen Krankheitsverläufen führte. Die gemeinsamen Eigenschaften dieser *S. typhimurium*-Stämme legten die Vermutungen nahe, daß es sich um einen sehr weitläufigen, besonders virulenten *S. typhimurium*-Klon handeln müsse. Durch die genetischen Untersuchungen und durch die Bestimmung der Plasmidmuster konnten folgende Schlüsse gezogen werden:

a) Viele der isolierten Stämme sind sich zwar phänotypisch gleich, unterschieden sich aber in ihrem Plasmidmuster (Tab. 20). Sie können also nicht als epidemiologisch einheitlich angesprochen werden, so daß das Gesamtgeschehen sich in viele kleine Herde aufteilt.
b) Allen Stämmen gemeinsam ist die Anwesenheit des typbestimmenden Aerobactinplasmids (Tab. 19, Abb. 43), was eine weltweite Verbreitung besitzt (Abb. 44). Dieses Plasmid kodiert für eine Reihe von Eigenschaften, die die Virulenz und die Resistenz betreffen. Außerdem ist es in der Lage, durch Lysotyphagen-Restriktion eine Konversion des Lysotyps zu erzeugen (Tab. 19, Abb. 43).
c) Gelangen diese Plasmide in verschiedene *Salmonella*-Stämme, so konvertieren sie diese zu einem einheitlichen Lysotyp, Antibiogramm- und Virulenztyp. Die vom Aerobactinplasmid kodierten Faktoren Eisenmangelresistenz und Serumresistenz erhöhen die Überlebensfähigkeit der *Salmonella*-Wirtsstämme im Blut, in den Makrophagen, in den Organen, so daß septikämische und systemische Infektionen möglich werden.
d) Da derartige „septikämische" *S. typhimurium*-Stämme unter Tieren nicht verbreitet sind, muß es sich um einen besonderen humanpathogenen Typ und um eine Mensch-zu-Mensch-Verbreitung handeln. Daher müssen die entsprechenden antiepidemischen Maßnahmen andere sein, als wenn eine vom

Tier (z. B. Lebensmittelvergiftung) ausgehende Infektkette vorliegen würde.

e) Einzelne konvertierte Klone können sich unabhängig voneinander ausbreiten und zu eigenständigen Epidemien führen, die epidemiologisch ohne Verbindung sind (Ausbrüche in der VR Mongolei, UdSSR, Mittlerer Osten, DDR, England z. B.).

4. **Mit Hilfe der Plasmidmusteranalyse lassen sich endogene Infektionen und exogene Infektionen**, insbesondere im Zusammenhang mit dem Hospitalismus und Harnwegsinfektionen, **erfassen.** In einer Neugeborenenabteilung eines Bezirkskrankenhauses traten gehäuft 018 : K1 : H7 *E. coli*-Meningitiden auf, deren therapeutische Kontrolle durch ein ebenfalls vorkommendes R Plasmid der Gruppe C äußerst erschwert und kompliziert war (Tab. 28). Dabei stellte sich die Frage, ob der Epidemieklon aus der Standortflora des Krankenhauses hervorgegangen war und sich dann unter den Neugeborenen ausgebreitet hatte, ob dieser Epidemieklon von außen ins Krankenhaus herein transportiert wurde und demzufolge mit anderen in der DDR auftretenden *E. coli*-Stämmen identisch sein müßte, oder ob nur eine zufällige Häufung derartiger Infektionen vorlag, weil eine besondere Resistenzentwicklung eine therapeutische Behandlung (Blindtherapie, s. S. 128) einschränkte und resistente Sekundärinfektionen hochkommen ließ. Die Plasmidmusteranalyse zeigte (Tab. 28), daß der Stamm in der Standortflora des Krankenhauses getragen wurde, daß er von dort ein R Plasmid übernahm, welches sich an das im Krankenhaus herrschende Chemotherapie-Regime angepaßt hatte. So trat dieser Keim als ein pathogener, mehrfachresistenter Erreger klinisch in Erscheinung und löste erhebliche klinische Probleme aus. Die Vorläuferstämme zu diesem mehrfachresistenten virulenten 018 : K1 : H7 Stamm konnten auch in einem anderen, viele Kilometer entfernten, Krankenhaus nachgewiesen werden. Die Mehrzahl der in diesem Zeitraum in der DDR aufgetretenen *E. coli*-Meningitis-Stämme war jedoch mit diesem hier erwähnten Klon nicht identisch.

5. **Mit Hilfe der Plasmidmusteranalyse sind wesentliche Aussagen zur Resistenzentwicklung zu treffen**, z. B. in welchem Ausmaß die Resistenzentwicklung gegen ein klinisch wichtiges Antibiotikum durch die Verbreitung von Plasmiden (z. B. Abb. 45) oder durch Verbreitung resistenzplasmidhaltiger Bakterien bedingt wird. Diese Aussagen sind besonders wichtig als flankierende Überwachungsmaßnahmen für eine erfolgreiche Blindtherapie

in Notfällen. In einem Bezirkskrankenhaus kam es durch den einseitigen und polypragmatischen Gebrauch der Blindtherapie Gentamicin/Cephalexin (bzw. Ampicillin) zu einer Anreicherung von entsprechenden R Plasmiden in der Standortflora des Krankenhauses. Dabei waren vor allem Plasmide der Gruppen *C*, *D* und *OF* vorhanden, die eine Resistenz gegen Cm, Sm, Su, Tp, Ap, Gm kodieren (vgl. Abb. 45). Diese R Plasmide, die man als Hospitalplasmide bezeichnen kann, wurden unter den Krankenhausbedingungen auf eine Reihe pathogener Bakterien übertragen (*Salmonella*, *Meningitis-E. coli*), so daß Infektionen auftraten, die therapeutisch nicht mehr nach dem klassischen Therapieregime zu kontrollieren waren. Die Kenntnisse, daß die Standortflora diese Breitband-Resistenzplasmide in großen Mengen enthielt, führte zu dem Vorschlag, die Blindtherapie einzustellen und nur bei besonders lebensbedrohlichen Situationen auf die Amikacin/Cefotiam-Kombination überzugehen.

Mit Hilfe der Plasmidüberwachung im Vorfeld der Klinik (s. dazu Kap. 5 und Abb. 38) kann daher ein wissenschaftlich begründetes Antibiotikaregime flankiert werden.

Aus den zahlreichen Beispielen einer erfolgreichen Anwendung der Plasmidbestimmung für die Diagnostik und Therapie von Infektionskrankheiten sowie für die Analyse des epidemischen Prozesses und damit der Erstellung von gezielten antiepidemischen Maßnahmen läßt sich zusammenfassend folgende **Forderung** aufstellen:

1. Die Bestimmung der besonderen Qualifizierung der Bakterien durch die Einführung moderner genetischer und molekularer Methoden der Plasmidanalyse (Plasmidmusteranalyse) und durch die Ermittlung der verschiedenen biologischen Faktoren (Virulenz-Faktoren) mit Hilfe von Schnellverfahren (ELISA, EIA, PHIA, Immuno-blots) oder ihrer Gendeterminanten (Sonden, Southernblots) ist eine unbedingte notwendige Forderung für eine moderne zukünftige klinische Mikrobiologie.
2. Die Untersuchungen zur klonalen Verbreitung von Infektionserregern in Zeit und Raum mit den modernen epidemiologischen Labormethoden stellt eine wichtige Voraussetzung für eine gezielte Unterbrechung von Infektketten dar. Erst durch eine bessere Kenntnis der Biologie der Plasmide, ihrer Fähigkeiten, heterologe DNA koppeln zu können und durch autokonjugative Prozesse sich über Bakterienpopulationen zu verbreiten, lassen sich die heute noch problematischen Phänomene wie Erregerwandel und -wechsel zukünftig beherrschen.

8. Literatur

Achtman, M.; Mercer, A.; Kusecek, B.; Pohl, A.; Henzenroeder, M.; Aaronson, W.; Sutton, A. and Silver, R. P. (1983). Six widespread bacterial clones among *Escherichia coli* K1 isolates. Infect. Immun. **39**: 315–335. (6)

Achtman, M.; Skurray, R. A.; Thompton, R.; Helmuth, R.; Hall, S.; Bentin, L.; and Clark, A. J. (1978). Assigment of tra cistrons to EcoRI fragments of F sex factor DNA. J. Bact. **133**: 1383–1392. (3)

Achtman, M.; Willetts, N. and Clark, A. J. (1971). Beginning a genetic analysis of conjugal transfer determined by the F factor in *E. coli* by isolation and characterization of transfer deficient mutants. J. Bact. **106**: 529–537. (3)

Anderson, E. S.; Threlfall, E. J.; Carr, J. M.; McConnel, M. M. and Smith, H. R. (1978). Clonal distribution of resistance plasmid-carrying *Salmonella typhimurium* mainly in the Middle East. J. Hyg. **79**: 425–448. (6)

Bennett, P. M. and Richmond, M. H. (1978). Plasmids and their possible influence on bacterial evolution. in: The bacteria, Vol. **VI.** chapter 1, pp. 1–69, Acad. Press Inc. (1, 3)

Bevan, M. W. and M. D. Chilton (1982). T-DNA of *Agrobacterium* Ti and Ri Plasmids. Ann. Rev. Genetics **16**: 357–384.

Bielka, H. (1985). Molekularbiologie, VEB G. Fischer Verlag Jena. (3)

Bindereif, A. and Neilands, J. B. (1983). Cloning of the aerobactin mediated iron assimilation system of plasmid ColV. J. Bact. **153**: 1111–1113. (4, 6)

Binns, M. M.; Davies, D. L. and Hardy, K. G. (1979). Cloned fragments of the plasmid ColV, I-K94 specifying virulence and serum resistance Nature **279**: 778–781. (4, 6)

Birge, E. A. (1984). Bakterien- und Phagengenetik. Springerverlag Berlin, Heidelberg, New York, Tokyo. (1)

Bradley, D. E. (1980). Determination of pili by conjugative bacterial drug resistance plasmids of incompatibility groups B, C, H, J, K, M, V and X. J. Bact. **141**: 828–837. (2)

Bräu, B. and Piepersberg, W. (1983): Cointegrational transduction and mobilization of gentamicin resistance plasmid pWP14a is mediated by IS140. Mol. Gen. Genet. **189**: 298–303. (3)

Broda, P. (1979). Plasmids. W. H. Freeman and Company Oxford San Francisco. (1, 2, 3, 7)

Cabello, F. C. (1979). Determinants of pathogenicity of *E. coli* K1. In: Plasmids of medical, environmental and commercial importance/ Ed. K. N. Timmis and A. Pühler, Elsevier North Holland, Biomed. Press, Amsterdam, p155–160. (4, 6)

---

[1]) Die Zahlen in Klammern beziehen sich auf die entsprechenden Kapitel, für die die Literaturstelle zutrifft.

CABELLO, F. C. and TIMMIS, K. N. (1979). Plasmids of medical importance. In: Plasmids of medical, environmental and commercial importance. K. N. TIMMIS and A. PÜHLER (eds.), Elsevier North Holland, Biomed. Press Amsterdam, p55–69. (6)

CAMPBELL, A. M. (1971). Episome. Akademie-Verlag, Berlin.

CARBONETTI, N. H. and WILLIAMS, P. H. (1984). A cluster of five genes specifying the aerobactin iron uptake system of plasmid ColV-K30. Infect. Immun. **46**: 7–12. (4)

CESARENI, G. (1981). The target of the negative regulator of pMBl replication overlaps with part of the repressor coding sequence. Mol. Gen. Genet. **181**: 40–45. (3)

CLEWELL, D. B. (1981). Plasmids, drug resistance and gene transfer in the genus *Streptococcus*. Microbiol. Rev. **45**: 409–436. (3)

COETZEE, J.; DATTA, N. and HEDGES, R. W. (1972). R-factors from *Proteus rettgeri*. J. Gen. Microb. **72**: 543–552. (2)

COSTERON, J. W.; IRÖING, R. T. and CHENG, K. J. (1981). The role of bacterial surface structures in pathogenesis. Critical Rev. Microbiol. **8**: 303–338. (4)

CROSA, J. H. (1984). The relationship of plasmid mediated iron transport and bacterial virulence. Ann. Rev. Microbiol. **38**: 69–89. (4)

CROSA, J. H.; LUTTROP, L. K. and FALKOW, S. (1978): Molekular cloning of replication and incompatibility regions from the R-plasmid R6K. J. mol. Biol. **124**: 443–466. (3)

DANBARA, H. J.; TIMMIS, K.; LURZ, R. and TIMMIS, K. N. (1980). Plasmid replication functions: two distinct segments of Rl, RepA and Rep D, express incompatibility and are capable of autonomous replication. J. Bacteriol. **144**: 1126–1138. (3)

DATTA, N. (1975). Epidemiology and classifacation of plasmids. In: Microbiology 1974, ASM Washington (Ed. D. SCHLESINGER), p. 9–15. (2)

DATTA, N. (1979). Plasmid classification: incompatibility grouping. In: Plasmids of medical, environmental and commercial importance. Ed. K. N. TIMMIS and A. PÜHLER. Elsevier North Holland. Biomed. press, Amsterdam, p. 3–12. (2)

DATTA, N. (1984). Plasmids as organisms. In: HELINSKI, D. R.; COHEN, S. N.; CLEWELL, D. B.; JACKSON, D. A. and HOLLANDER, A. (eds.). Plasmids in Bacteria. Plenum Press, New York, 1985, p. 6–18.

DAVIDSON, N., DEONIER, R. C., HU, S. and OTHSUBO, E. (1975). Electromicroscope heteroduplex studies of sequence relations among plasmids of *E. coli*, X. Deoxyribonucleic acid sequence organization of F and F′-primes, and the sequences involved in Hfr. formation. In: Microbiology 1974, (D. SCHLESSINGER (ed.) AMS Washington, p. 56–65. (2, 3)

DONG, X. D.; WOMBLE, D.; LULKOW, V. A. and ROWND, R. H. (1985). Regulation of transcription of the repA 1 gene in replication control region of IncFII plasmid NR1 by gene dosage of the repA2 transcription repressor protein. J. Bacteriol. 161, 544–551.

DREWS, J. and HÖGENAUER, G. Ed. (1977). R-factors, their properties and possible control. Topics in Infect. Dis. Vol. II, Wien, New York 1977. (1, 2, 3, 5)

EIWELL, L. P. and SHIPLEY, Pl. L. (1980). Plasmid-mediated factors associated with virulence of bacteria to animals. Ann. Rev. Microbiol. **34**: 465–496. (4)

ELY, S. and STAUDENBAUER, W. L. (1981). Regulation of plasmid DNA synthesis: isolation and characterisation of copy number mutants of mini R6-6 and mini F plasmids. Mol. Gen. Genet. **181**: 29–35. (3)

FALKOW, S. (1975). Infectious multiple drug resistance. London Pion. (1)

FALKOW, S. (1981). Bacterial pathogenicity, an overview. S. 91–100. In: Molecular biology, pathogenicity and ecology of bacterial plasmids, S. B. LEVY, R. C. CLOWES, E. L. KOENIG (eds.) Plenum Publ. Corp., New York. (6, 7)

FREDERICQ, P. (1957): Colicins. Ann. Rev. Microbiol. **11**: 7–49. (1)

GAASTRA, W. and DEGRAAF, F. K. (1982). Host specific fimbrial adhesins of noninvasive enterotoxigenic *E. coli* strains. Microbiol. Rev. **46**: 129 to 161. (4)

GASSEN, H. G.; MARTIN, A. und BERTRAM, S. 1985. Gentechnik. VEB G. Fischer Verlag Jena.

GOEBEL, W. und HOFSCHNEIDER, P. H. 1982. Cloning vectors. in: Current Toppics in Microbiol. Immunol. Bd. 96. Springer-Verlag Heidelberg, New York.

GOEBEL, W.; NOEGEL, A.; RIDEST, U.; MÜLLER, D. and HUGHES, C. (1981). Epidemiology and genetics of hemolysin formation in *E. coli* pp. 43–50. In: Molecular biology pathogenicity and ecology of bacterial plasmids. Plenum Publ. Corp. New York. S. B. LEVY, R. C. CLOWES and E. L. KOENIG (eds.), p. 43–50. (4, 6)

GOEBEL, W.; HACKER, J.; HIGHES, C.; KNAPP, S.; HOF, H.; MÜLLER, D.; JUAREZ, A. and KREFT, J. (1983). Gene cloning and bacterial pathogenicity. In: Genetic manipulation impact of man and society, P. STARLINQER (eds.), Köln. 1983. (4, 7)

GRINDLEY, N. D. F.; HUMPREYS, G. O. and ANDERSON, E. S. (1973). Molecular studies of R-factor compatibility groups. J. Bact. **115**: 387–398. (2)

GÜNTHER, E. Grundriß der Genetik. VEB Fischer Verlag 1978. (1, 3)

HACKER, J. (1985): Das *E. coli* Hämolysin: Genetik, Epidemiologie und medizinische Bedeutung, Forum Microbiol. **8**: 76–90. (4, 6)

HACKER, J.; HUGHES, C.; KNAPP, S.; JUAREZ, A.; SCHMIDT, G. and GOEBEL, W. (1983). Cloning and genetic characterization of factors which contribute to the virulence of extraintestinal *E. coli* strains. In: Transferable antibiotic resistance plasmids and gene manipulation. S. MITSUHASHI und V. KROMERY (eds.). Avicenum Med. Press Prag und Springer Verlag Berlin, Heidelberg, New York, Tokyo, p. 339–346. (4)

HAGEMANN, R. 1984. Allgemeine Genetik. VEB G. Fischer Verlag, Jena.

HARDY, K. (1981). Bacterial plasmids. Van Nostrand Reinhold (UK) Co. LDT. (1, 3)

HAUER, B. and SHAPIRO, J. A. (1984). Control of Tn7 transposition. Hol. Gen. Genet. **194**: 149–158. (3)

HAYES, W. (1968). The genetics of bacteria and their viruses. Blackwell Sci. Publ., Oxford and Edinburgh. (1)

HEDGES, R. W.; DATTA, N.; COETZEE, J. N. and DENNISON, S. (1973). R-factors from *P. morganii*, J. Gen. Microb. **77**: 249–259. (2)

HEDGES, E. W.; RODRIGUEZ-LEMOINE, V. and DATTA, N. (1975). R-factors from *Serratia marcescens*, J. Gen. Microb. **86**: 88–92. (2)

HEFFRON, F.; MCCARTHY, B.; OTHSUBO, H. and OTHSUBO, E. (1979). DNA-sequence analysis of the transposon Tn3: three genes and three sites involved in transposition of Tn3. Cell **18**: 1153–1163. (3)

HELMUTH, R. and ACHTMAN, M. (1975). Operon structure of DNA transfer cistrons on the F sex factor. Nature **257**: 652–656. (3)

HUGHES, C.; PHILLIPS, R. and ROBERTS, A. P. (1982). Serum resistance among *E. coli* strains causing urinary tract infections in relation to the carriage of hemolysins, colicins and antibiotic resistance determinants. Infect. Immun. **35**: 270–275. (4)

ISBERG, R. R. and SYVANEN, M. (1981). Replicon fusions promoted by the inverted repeats of Tn5: The right repeat is an insertion sequence. J. Mol. Biol. **150**: 15–32. (3)

KADO, C. I. and LIU, S. T. (1981). Rapid procedur for detection and isolation of large and small plasmids. J. Bact. **145**: 1365–1373. (1)

KEUSCH, G. T.; DONOHUE-ROLFE, A. and JACEWICZ, M. (1982). *Shigella*-toxins. A review. Pharmacol. Therap. **15**: 403–438. (4)

KILIBANE, J. J. and MALAMY, M. H. (1980). Factor mobilization of non-conjugative chimeric plasmids in *E. coli*: General mechanisms and a role for site–specific recA–independent recombination at oriV1. J. Mol. Biol. **143**: 73–93. (3)

KLECKNER, N. (1981). Transposable elements in prokaryotes. Ann. Rev. Genet. **15**: 341–404. (3)

KLINE, B. C. and PALCHAUDHURI, S. (1980). Genetic studies of F plasmid maintenance gene. Plasmid **4**: 281–291. (3)

KOLTER, R. and HELSINKI, R. (1982). Plasmid R6K DNA replication II. Direct nucleotide sequence repeats are required for an active origin. J. Mol. Biol. **161**: 45–56. (3)

LACATENA, R. M. and CESARENI, G. (1983). The interaction between RNAl and the primer precursor in the regulation of ColEl replication. J. Mol. Biol. **170**: 635–650. (3)

LEBEK, G. (1969): Die infektiöse bakterielle Antibiotikaresistenz. Huberverlag, Bern (1969).

LEDERBERG, E. (1952). Cell genetics and hereditary symbiosis. Phys. Rev. **32**: 403–405. (1)

LEVINE, M. M.; KAPER, B.; BLACK, R. E. and CLEMENS, M. L. (1983). New knowledge on pathogenesis of bacterial enteric infections as applied to vaccine development. Microbiol. Rev. **47**: 510–550.

LEVY, S. B.; CLOWES, R. C. and KOENIG, E. L. (eds.). (1981). Molecular biology, pathogenicity, ecology of bacterial plasmids. Plenum Press New York and London (1981).

LIGHT, J. and S. MOLIN. 1983. Post-transcriptional control of expression of repA gene of plasmid R1 mediated by a small RNA molecule. EMBO J. **2**: 93–98.

MEYERS, J. A.; SANCHEZ, D.; ELWELL, L. P. and FALKOW, St. (1976). Simple agarose gel electrophoretic method for the identification and characterization of plasmid DNA. J. Bact. **127**: 1529–1537. (1)

MIMS, C. A. (1982). The pathogenesis of infectious disease. Academic Press, London, New York. (4, 6)

MOLIN, S. and NORDSTRÖM, K. (1980). Control of replication of plasmid Rl. Functions involved in replication, copy number control, incompatibility and switch off of replication J. Bacteriol. **141**: 111–120. (3)

NORDSTRÖM, K.; MOLIN, S. and LIGHT, J. (1984). Control of replication of bacterial plasmids: Genetics, molecular biology and physiology of the plasmid Rl system. Plasmid **12**: 71–90. (3)

NORMARK, S.; LARK, D.; HULL, R.; NORGREN, M.; BAGA, M.; O'HANLEY, P.; SCHOOLNIK, G. and FALKOW, S. (1983). Genetics of digalactoside binding adhesin from an uropathogenic *E. coli* strain. Infect. Immun. **41**: 942–949. (4)

O'BRIEN, A. D. and LAVECK, G. D. (1983). Purification and characterization of a *S. dysenteriae* 1 like toxin produced by *E. coli*. Infect. Immun. **40**: 675–683. (4)

OCHMAN, H. and SELANDER, R. K. (1984a). Evidence for clonal population struktur in *E. coli*. PNAS US **81**: 198–201. (6, 7)

OLD, S. R. W. and S. B. PRIMROSE (1981). Principles of gene manipulation. Blackwell Scient. Publ. Oxford, London, Edinburgh, Boston, Melbourne.

ØRSKOV, F. and ØRSKOV, I. (1983a). Summary of a workshop on the clone concept in the epidemiology, taxonomy and evolution of the Enterbacteriaceae and other bacteria. J. Infect. Dis. **148**: 346–357, (6)

ØRSKOV, I. and ØRSKOV, F. (1983b). Serology of *E. coli* Fimbriae. Progr. Allergy **33**: 80–105. (4)

ØRSKOV, I.; ØRSKOV, F.; JANN, B. and JANN, K. (1977). Serology, chemistry and genetics of O- and K-antigens of *E. coli* Bact. Rev. **41**: 667–710. (6, 7)

PIECHOCKI, R. (1983) Genmanipulation: Frevel oder Fortschritt. Urania-Verlag. Leipzig–Jena–Berlin.

PLAUT, A. G. (1983). The IgA proteases of pathogenic bacteria. Ann. Rev. Microbiol. **37**: 603–622. (4)

PRIFER, U. B.; SIMON, R. and PÜHLER, A. (1985). Extension of the host range of *E. coli* vectors by incorporation of RSF1010 replication and mobilization functions. J. Bacteriol. **163**: 324–330.

PORTNOY, D. A.; MOSELEY, S. L. and FALKOW, S. (1981). Characterization of plasmids and plasmid associated determinants of Y. enterocolitica pathogenesis. Infect. Immun. **31**: 775–782 (6)

REANNEY, D. (1976). Extrachromosomal elements as possible agents of adaptation and development. Bact. Rev. **40**: 552–590. (1, 2)

RICHMOND, M. H. and WIEDEMANN, B. (1974). Plasmids and bacterial evolution. Symp. Soc. Gen. Microb. XXIV: 59–85. (1, 2)

RISCHE, H. (1973). Lysotypie und andere spezielle epidemiologische Laboratoriumsmethoden. VEB Gustav Fischer Verlag, Jena (1973). (7)

RISCHE, H.; TSCHÄPE, H. and WITTE, W. (1984). On the clone concept in Epidemiology and clinical Bacteriology. In: S. Mitsuhashi and V. Krcmery. Transferable antibiotic resistance, plasmids and gene manipulation. Avicehum Med. Press. Prague and Springerverlag, Berlin, Heidelberg, New York, Tokyo (1984). p. 101–107. (6)

ROWBURRY, R. J. (1977). Bacterial plasmids with particular reference to their replication and transfer poperties. Prog. Biophys. Mol. Biol. **31**: 271–317. (3)

ROSEN, J.; RYDER, R.; INOKUCHI, H.; OHTSUBO, H. and OHTSUBO, E. (1980). Genes and sites involved in replication and incompatibility of an R100 plasmid derivative based on nucleotid sequence analysis. Mol. Gen. Genet. **179**: 527–537. (3)

ROSEN, J.; RYDER, T.; OHTSUBO, H. and OHTSUBO, E. (1981). Role of RNA transcript in replication, incompatibility and copy number control in antibiotic resistance plasmid derivatives. Nature (London) **29**: 794–799. (3)

SANDERSON, K. E. (1976). Genetic relatedness in the family Enterobacteriaceae. Ann. Rev. Microbiol. **30**: 327–349. (1, 6, 7)

SANSONETTI, P. J.; D'HAUTEVILLE, H.; ECOBICHON, C. and POURCEL, C. (1983). Molecular comparison of virulence plasmids in *Shigella* and enteroinvasive *E. coli*. Annales Microbiol. (Inst. Pasteur) **134A**: 295–318.

SANSONETTI, P. J.; HALE, T. L.; DAHMIN, G. J.; KAPFER, C.; COLLINS, H. M. and FORMAL, S. B. (1983). Alterations in the pathogenicity of *E. coli* K-12 after transfer of plasmid and chromosomal genes from S. flexneri Infect. Immun. **39**: 1392–1402. (6)

SAVAGE, D. C. (1977). Microbial ecology of the gastrointestinal tract. Ann. Rev. Microbiol. **31**: 107–134. (5)

SELANDER, R. K. and LEVIN, B. R. (1980). Genetic diversity and structure in *E. coli* populations. Science **210**: 545–547. (6)

SELTMANN, G. (1982). Die bakterielle Zellwand. VEB Gustav Fischer Verlag, Jena. (4)

SEWBERG, D. R.; TOMPKINS, L. S. and FALKOW, S. (1981). Use of agarose gel electrophoresis of plasmid DNA to fingersprint gram negative bacili. J. Clin. Microbiol. **13**: 1105–1110. (7)

SCHMITT, R.; BERNHARD, E. and MATTES, R. (1979). Characterization of Tn1721, a new transposon containing Tc resistance genes capable of amplification. Mol. Gen. Genet. **172**: 53–66. (3)

SCOTT, J. (1984). Regulation of plasmid replication. Microbiol. Rev. **48**: 1–23. (3)

SHAPIRO, A. J. (1983). Mobile genetics elements. Academic Press. New York. (3)

STARLINGER, P. and SAEDLER, H. (1976): IS-elements in microorganisms. Curr. Top. Microbiol. Imm. **75**: 111–152. (3)

STAUDENBAUER, W. L. (1978). Structure and replication of the colicin El plasmid. Curr. Top. Microbiol. Immunol. **83**: 93–156. (3)

STOUFAARD, P.; MOLIN, S.; NORDSTRÖM, K. and HANSEN, G. (1981). The nucleotid sequence of the replication control region of the resistance plasmid Rldrd-19. Mol. Gen. Genet. **181**: 116–122. (3)

SWANN REPORT (1969). Joint committee on the use of antibiotics in animal husbandry and veterinary medicine. 4190. London, HMSO. (6)

TIETZE, E.; PRAGER, R. and TSCHÄPE, H. (1982). Characterization of the transposons Tn1822 (Tc) and Tn1824 (TpSm) and the light they throw on the natural spread of resistance genes. Plasmid **8**: 253–260. (3, 6)

TIETZE, E. and TSCHÄPE, H. (1983). Plasmid pattern analysis of natural bacterial isolates and its epidemiological implication. J. Hyg., **90**: 475–488. (7)

TIMMIS, K. N. and PÜHLER, A. Ed. (1979). Plasmids of medical, environmental and commercial importance. Elsevier North Holland Biomedical Press Amsterdam, New York, Oxford. (1–6)

TSCHÄPE, H. und RISCHE, H. (1974). Ökologische und epidemiologische Bedeutung der infektiösen Chemotherapeutikaresistenz. Bd. **22** „Beiträge zur Hygiene und Epidemiologie". Verlag Ambrosius Barth, Leipzig, (1, 5, 6)

TSCHÄPE, H. und RISCHE, H. (1974b). Die Virulenzplasmide der Enterobacteriaceae. Ztsch. Allg. Microbiol. **14**: 337–350. (4)

TSCHÄPE, H. und TIETZE, E. (1981). Genetische und molekulare Grundlagen der Plasmid-Species-Hypothese. Biol. Zbl. **100**: 353–384. (2)

TSCHÄPE, H. (1982). Die Resistenzentwicklung gegen Chemotherapeutika – ein genetischer Beitrag zu Evolutionsprozessen bei Bakterien. In: Medizin und Gesellschaft Bd. 17, Biologische Evolutionstheorie und Medizin, R. LÖTHER (Hrsg.), VEB Gustav Fischer Verlag Jena, S. 159 bis 180. (6)

VELTKAMP, E. and STUITJE, A. R. (1981). Replication and structure of the bacteriocinogenic plasmids Clo Dfl3 and ColEl. Plasmid **5**: 76–99. (3)

WATANABE, T. (1963). Infectious heredity of multiple drug resistance in bacteria. Bac. Rev. **27**: 87–115. (1)

WEHLMANN, H. and EICHLAUB, R. (1981). Analysis of transports from plasmid mini F by electron microscopy of R loops. Plasmid **5**: 259–266. (3)

WILLETTS, N. and SKURRAY, R. (1980). The conjugation system of F-like plasmids. Ann. Rev. Genet. **14**: 41–76. (3)

WILLETTS, N. and WILKINS, B. (1984). Processing of plasmid DNA during bacterial conjugation. Microbiol. Rev. **48**: 24–41.

WILLSHAW, G. A.; SMITH, H. R. and ANDERSON, E. S. (1979). Application of agarose gel electrophoresis to the characterization of plasmid DNA in drug resistant enterobacteria. J. Gen. Microbiol. **114**: 15–26 (7)

WINANS, S. C. and WALKER, G. C. 1985. Conjugal transfer system of the IncN plasmid pKM101. J. Bacteriol. **161**: 402–410.

WINNACKER, E. L. (1985). Gene und Klone. VCH Verlagsgesellschaft mbH Weinheim.

9. Abkürzungsverzeichnis

AAC	Aminoglykosid-Acetyl-Transferase
AAD	Aminoglykosid-Adenylyl-Transferase
ANT	Aminoglykosid-Nukleotidyl-Transferase
APH	Aminoglykodid-Phosphoryl-Transferase
Ap	Phänoty der Ampicillin-Resistenz
As	Phänotyp für die Resistenz gegen Arsenverbindungen
BAc	Phänotyp für die Resistenz gegen Bacitracin
bp	Basenpaare
Cb	Phänotyp der Carbenicillinresistenz
Cd	Phänotyp für die Resistenz gegen Cadmiumverbindungen
CE	Zellwand
Cf	Cephalosporinresistenz
CFAI	Fimbrientyp (colonization factor antigen I)
Cit	Citratvergärung
Cm	Phänotyp der Chloramphenicol-Resistenz
Cva, ColV	Bildung von Colicin V
CY	Zytoplasma
dna	Gen zur Replikation der chromosomalen DNA
DPS	Donorphagenempfindlichkeit
Em	Phänotyp für die Erythromycinresistenz
EPEC	enterophatogene *E. coli*
ETEC	enterotoxische *E. coli*
F-Faktor	Fertilitätsfaktor (Plasmid)
F-Antigen	Fimbrienantigen (X, P, S)
Fin, fin	Kontrolle, Kontrollgen für den Transfer
Gm	Phänotyp der Gentamicinresistenz
H-Antigen	Flagellenantigen
Hfr	männliche Stämme von *E. coli*
Hg	Phänotyp der Quecksilberionenresistenz
HEPEC	Hämorragische Colitis *E. coli*
Hly	Hämolysin, Hämolysin-Plasmide
hsp	Gen zur DNA Restriktion
HWI	Harnwegsinfektionen

IM	innere Membran
Inc, inc	Inkompatibilität
IR	inverted repeats, Endsequenzen von Transposons
IS	Insertionssequenzen
Iss	Phänotyp für die Serumresistenz
K-Antigen	Kapselantigen
Kb	Kilobase
Km	Phänotyp für die Kanamycinresistenz
Kt	Phänotyp für die Resistenz gegen Kaliumtellurid
LT	Hitzelabiles Enterotoxin
lac	Gen für die Lactosespaltung
Md	Megadalton
MIC, MHK	Minimale Hemmkonzentration
NEPEC	nephropathogene *E. coli*
Nm	Phänotyp der Neomycinresistenz
NOPEC	nichtpathogene *E. coli*
O-Antigen	somatisches Antigen (LPS)
Omp	äußere Membranproteine
OM	äußere Membran
ori	Startregion der vegetativen und konjugativen Replikation (oriT, oriV)
par	Gen für die Verteilung der DNA Kopien
Pb	Phänotyp für die Resistenz gegen Bleiverbindungen
Pc	Phänotyp für die Penicillinresistenz
Phi	Phänotyp zur Phagenresistenz u. Inhibition
Pil	Phänotyp zur Pilusausbildung
PN	Pyelonephritis
pro	Gen zur Prolinsynthese
pur	Gen zur Purinsynthese
PR	Merkmal für die Reaktion gegen Pheromone
pri	Gen für die Primase
raf	Gen für die Raffinose-Spaltung
Rec, rec	Rekombination
Rep, rep	Transfer Replikation
rlx	Startregion des Transfers von P Gruppenplasmiden (ori)
R-Faktor	Resistenzfaktor (Plasmid)
RTF	Resistenz-Transfer-Faktor
Sac	Phänotyp zur Vergärung von Saccarose
SEPEC	Sepsis-pathogene *E. coli*
Sm	Phänotyp für die Streptomycinresistenz
Sp	Phänotyp für die Spektinomycinresistenz
St	Phänotyp für die Streptothricinresistenz
ST	Hitzelabiles Enterotoxin
Su	Phänotyp für die Sulfonamidresistenz
Tc	Phänotyp für die Tetracyclinresistenz
Tra, tra	Transfer
Tn	Transposon

tnp	Transposase-Gen
Tp	Phänotyp für die Trimethoprimresistenz
Ti	Tumorinduzierendes Plasmid
Tox	Toxinbildung
Tss	Toxisches-Schock-Syndrom
UPEC	uropathogene *E. coli*
Vir	Virulenzplasmid
V, W-Antigen	Virulenzantigen von *Yersinia spp.*

10. Glossar

Adhäsion –

Anheftung von Mikroorganismen an Zellen oder Geweben von Makroorganismen durch Bildung von Anheftungsstrukturen (Adhäsine), die entweder als Fimbrien (0,2–20 μm lange und 3–14 nm dicke Protein-Anhängsel der Zellwand), als Fibrillen (sehr feine unter 3 nm dicke Proteinfibrillen) oder als Oberflächenproteine (möglicherweise auch bestimmte Lipopolysaccharide) vorliegen. Die Adhäsion findet an spezifischen Rezeptoren statt, die an der Zelloberfläche der Makroorganismenzellen vorhanden sind. Dadurch entsteht eine Zell-, Gewebe- oder Organspezifität der Adhäsion, z. B. Adhäsion im oberen oder unteren Darmtrakt, im Nierenbecken etc. Die Adhäsion ist die Voraussetzung der Kolonisierung, diese wiederum die Voraussetzung einer jenen Infektion.

Agarose-Gel-Elektrophorese –

Trennung von DNA Molekülen entsprechend ihres Molekulargewichts in einem Agarose-Gel mit Hilfe eines elektrischen Feldes. Die Agarose-Gel-Elektrophorese stellt eine Schnellmethode zur Darstellung von Plasmidprofilen bzw. zur Molekulargewichtsbestimmung dar.

Antibiotika (Antimikrobiotika, Chemotherapeutika) –

antimikrobiell wirksame Substanzen unterschiedlicher Stoffklassen, die in verschiedene Schritte des mikrobiellen Stoffwechsels (DNA-, RNA-, Protein-, Zellwandsynthese) inaktivierend eingreifen, dagegen den Metabolismus des Makroorganismus (Tier, Pflanze, Mensch) in der Regel unbeeinflußt lassen. (vgl. aber Nebenwirkungen der Antibiotika wie Allergisierungen). Sie werden zur Behandlung (Therapie) und zur Vorbeugung (Prophylaxe) von Infektionskrankheiten ubiquitär eingesetzt. (Antibiotika-Ära in der Medizin). Vielfach werden heute die von lebenden Organismen produzierten antimikrobiell wirksamen Substanzen als Antibiotika (Tetracycline, Aminoglykoside wie das Streptomycin, das Kanamycin etc., Chloramphenicol, Makrolide wie das Erythromycin etc., Penicilline und andere β-Lactamantibiotika) bezeichnet, während die chemisch synthetisierten Substanzen (Trimethoprim, Sulfonamide, Nifurantoine, Nalidixinsäure etc.) Chemotherapeutika genannt werden. Moderne Antibiotika der dritten und vierten Generation sind heute stets halbsynthetisch hergestellt, d. h., der von Organismen produzierte Grundkörper wird durch chemische Modifikationen zu einer verbesserten antimikrobiellen Wirkung bei verbesserter pharmakodynamischer und pharmakokinetischer Verhaltensweise umgewandelt.

Bakteriophagen (Bakterienviren) –

Organismen, die Bakterien befallen und diese lysieren (abtöten). Sie bestehen aus DNA und RNA und werden für ihre extrazelluläre Existenz von einer Proteinhülle (mit sehr charakteristischen Strukturen) umschlossen. In ihrer intrazellulären Lebensweise (immer als Doppelstrang-DNA) kommen sie im Cytoplasma (angeheftet an Membranfraktionen) oder im Wirtschromosom integriert jeweils als Doppelstrang-DNA Moleküle vor. Es werden virulente Bakteriophagen (die immer zur Lysis der befallenen Zelle führen) von temperenten Bakteriophagen unterschieden, die nicht immer zur Lysis der Zelle führen, sondern einen lysogenen Zustand (d. h. erst auf bestimmte Umweltreize oder spontan ihre Wirtszelle lysieren) eingehen können. Temperente Bakteriophagen lassen sich besonders gut zur Transduktion verwenden.

Bakteriozine (Bakteriozinotypie, Bakteriozinotyp) –

siehe Colizine, Colizinotypie

Bakteriämie –

Vorhandensein von Bakterien in der Blutbahn, im Blut. Vorstadium zu einer Septikämie, Sepsis, Allgemeininfektion.

Bakteriurie –

Vorhandensein von Bakterien im Urin (Mittelstrahlurin). Vorstadium zu einer Harnwegsinfektion (Cystitis, Pyelonephritis).

Bauchtyphus –

Typhus, Allgemeininfektion durch *Salmonella typhi*. Tritt in verschiedenen Stadien und klinischen Bildern auf.

Biochemotypie (Biochemotyp) –

Bestimmung der Gesamtheit der metabolen Leistungen (z. B. Vergärung verschiedener Zucker) eines Bakterienstammes und Ermittlung des Biochemotyps durch Erfassung charakteristischer, stammspezifischer Muster, der metabolen Leistungskapazität.

Blindtherapie –

Form der Antibiotika-Therapie, wobei der Einsatz von Antibiotika zur Bekämpfung einer vermuteten Infektionskrankheit bei Unkenntnis des ätiologischen Agenz und der vorhandenen Antibiotikaempfindlichkeit erfolgt. In lebensbedrohlichen Notfällen wichtige, therapeutische Maßnahme, deren Zuverlässigkeit durch die Wahl sicher wirksamer Antibiotika gegeben sein muß.

ccc-DNA –

(covalent, closed, circular DNA), geschlossenes DNA Ringmolekül, nativer Zustand der Plasmid-DNA; Ggs. oc-DNA (open circular), DNA Ringmolekül, bei dem ein Strang durch eine Helikase (Nickase) einen Einstrangbruch erhalten hat (Inzision).

Co-Integration – siehe Kointegration

Colicine (Bakteriozine) –

sehr spezifische, bakteriozide Proteine, die von Bakterien produziert und ins Medium entlassen werden. Sie töten Bakterienstämme verwandter Zugehörigkeit ab, nicht aber solche die das gleiche Colicin bilden. Ihre abtötende Wirkung erfolgt über spezifische Rezeptoren an der Zellwand, von wo aus sie ohne in die Zelle einzudringen über verschiedene Signalgebung die DNA-Protein- oder auch RNA-Synthese hemmen können. Verschiedene Bakterienarten produzieren unterschiedliche Bakteriozine, wie Megacine (Bacillus), Pyocine (Pseudonomonas), Cloacine (Enterobacter), Colicine (*E. coli*), etc.

Colicinotypie (Colicinotyp)

Bestimmung der Art der Colicine, die ein bestimmter Bakterienstamm bildet und Ermittlung des Colicinotyps durch Erfassung charakteristischer, stammspezifischer Muster. Colicinotypie ist eine epidemiologische Labormethode zur Subdifferenzierung von Bakterien.

cryptisch –

verborgen, unbekannt; operativer Ausdruck für Plasmide, wenn sie keine somatischen, bzw. keine erkennbaren somatischen Leistungen kodieren.

Diagnostik –

Bestimmung, Charakterisierung, vgl. Typisierung

Diarrhoe –

Durchfall; Charakter der Diagnose ist starker Wasserverlust durch bakteriellen Befall der Dünndarmschleimhäute und Bildung eines den Wasserhaushalt fehlregulierenden Enterotoxins (Cytotonins)

Donor (Spender) –

Bezeichnung für einen Bakterienstamm, für ein Plasmid oder Bakteriophagen, der genetisches Material auf einen Empfängerstamm (Rezipienten) überträgt.

Dysenterie –

Durchfall, Ruhr, Erkrankung des Dickdarms, insbesondere des Epithels.

Dyspepsie –

veralteter Ausdruck für EPEC-Infektionen; Enteritis im Kleinkindalter.

Fertilitätsfaktor –

veraltete Bezeichnung für das cryptische FI Plasmid F6, auch Sex-Faktor.

Endonuklease –

Enzym, DNAse, die bestimmte Basenfolgen von Nukleotiden in einem DNA Molekül erkennt und durch Lösen des Zucker-Phosphat-Rückgrads einen Doppelstrangbruch mit charakteristischen, den Erkennungssequenzen entsprechenden Enden erzeugt. Da dadurch unterschiedliche DNA Moleküle mit gleichen Enden versehen werden können, haben sie in der Gentechnik eine große Bedeutung erlangt. Sie dienen auch zur Charakterisierung einer Grobhomologie von Plasmiden durch Bestimmung der endonukleolytischen Spaltmuster (Restriktionsmuster).

Enteritis – Darmentzündung.

Enterotoxin –

siehe Toxin.

Epidemiologie –

Lehre von der Verbreitung (Prävalenz) und der Ausbreitung (Inzidenz) der Infektionskrankheiten; vielfach auch allgemein der Krankheiten (Epidemiologie der nichtübertragbaren Krankheiten). Gegenstand der Epidemiologie ist der epidemische Prozeß, d. h. die Zirkulation des Erregers in einer empfänglichen Population von Makroorganismen.

Episom –

alte Bezeichnung für Plasmide, die ständig bzw. häufig sich ins Wirtschromosom integrieren. Da prinzipiell alle Plasmide zur Integration befähigt sind (vgl. integrative Suppression) wurde der Begriff Episom überflüssig.

Ergotropika –

Substanzen, die als Futtermittelzusätze eine Wachstumssteigerung und Futtermittelverwertungsförderung aufweisen, auch als Nutritiva bezeichnet, z. B. eine Reihe von Antibiotika, Vitaminen etc.

Exzision –

das Herausschneiden von einer DNA Sequenz aus einem DNA Molekül, meistens jedoch für das Auflösen eines Kointegrats durch Auseinanderschneiden beider Moleküle.

Genote –

Gesamtheit der Gene auf einem Stück distinkter DNA, auch als Endogenote, Exogenote, Heterogenote benannt. In der Plasmidterminologie wird das Wort Genote im Zusammenhang mit dem zusammengesetzten Aufbau der meisten natürlich vorkommenden Plasmide verwendet: *somatische Genote* – Gesamtheit der Gene für die somatischen Funktionen (auch als somatische Region bezeichnet); sie umfaßt den Teil der Plasmid-DNA, der für bakterienphysiologische Funktionen kodiert; Transfergenote – Bereich des Plasmids, der für die konjugative Replikation kodiert.

Genotyp –

Gesamtheit der Erbanlagen (Gene) eines Organismus.

Gyrase –

Enzym aus der Gruppe der Topoisomerasen zum Entdrillen und Aufdrillen der DNA Doppelhelix; die Gyrase ist eine Typ-II-Topoisomerase zum Aufdrillen der DNA Doppelhelis zur Superhelix (Tertiärstruktur der DNA); sie erzeugt Doppelstrangbruch und -reunion.

Hämolysin –

Toxin, Cytolysin; es führt durch Porenbildung in Eukaryontenzellen (Erythrozyten, Leukozyten, Macrophagen etc.) zur Auflösung der Zellen; Pathogenitätsfaktor insbesondere von Erregern von Harnwegsinfektionen.

Helikase –

Enzym aus der Gruppe der Topoisomerasen; Helikasen sind Typ-I-Topoisomerasen, es werden Helikase I, II, etc. unterschieden (Nickase, Relaxationsprotein etc.); sie erzeugen Einzelstrangbrüche.

Heterodublex –

künstlich hergestelltes Zweistrang-DNA Molekül, das aus zwei DNA Strängen unterschiedlicher genetischer Herkunft und Beschaffenheit besteht; elektronenmikroskopischer Test auf Homologiebeziehungen zwischen Plasmiden enger Verwandtschaft.

Homodublex –

DNA Einzelstrang, der unter Bedingungen der Renaturierung gehalten wird und bei dem alle im Einzelstrang vorkommenden identischen Wiederholungen von Sequenzen, z. B. IS Sequenzen, hybridisieren können elektronenmikroskopische Technik zur Kartierung von Plasmiden.

Infektion –

Komplexphänomen aus „Übertragung“, „Adhäsion“, „Eindringen“ (Invasion), „Toxinbildung“ bzw. „Vermehrung“ von einem Mikroorganismus in einem Makroorganismus (Tier-, Pflanze, Mensch); erst wenn diese

Vorgänge den Makroorganismus stören, bzw. seinen Metabolismus umstimmen, spricht man von einer Infektionskrankheit. Es werden lokale Infektionskrankheiten (z. B. Harnwegsinfektionen, Intestinalinfektionen, Respirationstraktinfektionen) von allgemeinen (auch systematischen) Infektionskrankheiten (z. B. Septikämie) unterschieden.

IS-Elemente –

Insertionssequenzen, diskrete, mobile DNA Sequenzen mit definierter gleichbleibender Größe, die zur Selbstrekombination befähigt sind (vgl. S. 77)

Integration –

Einbau einer DNA Sequenz in ein DNA Molekül, wird vielfach synonym mit dem Begriff Kointegration verwendet.

Inzision –

Einschnitt, durch Helikasen verursachter Einzelstrang – Bruch. Ggs Exzision.

Klon –

vegetative Nachkommen einer Ausgangszelle, damit genetisch identische Population. In der Bakteriologie wird der Klonbegriff dreifach verwendet:
1) zur Beschreibung identischer Bakterienzellen beim experimentellen Arbeiten (genetisch identischer, homogener Stamm, Population);
2) zur Beschreibung genetisch identischer Isolate eines sich in Ausbreitung befindenden Epidemiestammes als Beweis für das Vorhandensein eines einheitlichen epidemischen Prozesses;
3) zur Beschreibung taxonomischer Untereinheiten der Art zur Subdifferenzierung.

Kointegration (Co-Integration) –

Vereinigung von zwei DNA Ringmolekülen zu einem DNA-Ringmolekül

Konjugation –

Zusammenlagerung von zwei Bakterienzellen, die genetisch polar ausgerichtet sind, zur Übertragung genetischen Materials vom Donor auf den Rezipienten. Die Konjugation kann autonom durch Plasmide gesteuert werden oder durch Spontanaggregation erfolgen.

Ligase –

Enzym des DNA Metabolismus, verschließt Strangbrüche durch Zusammenfügen des Zucker-Phosphat-Rückgrads; Ggs. Endonuklease.

Lysotypie (Lysotyp) –

Subdifferenzierung von Bakterienstämmen durch ihre Phagenempfindlichkeit, epidemiologische Labormethode, nach der man Bakterien in Lystypen unterscheidet (Stamm mit einem definierten Phagenempfindlichkeitsmuster).

Makrophage –
Freßzellen, Bestandteil des zellulären Immunsystems.

Meningitis –
Gehirnhautentzündung, Infektionskrankheit durch spezielle Bakterien und Vieren.

Mobilisierung –
Übertragung von Genen oder Plasmiden durch Helferelemente (Phagen, Plasmide); siehe S. 69.

Nicking-Enzym –
siehe Helikase.

oc-DNA –
offene cirulăre DNA Moleküle; Zwischenstadium bei der konjugativen oder vegetativen Replikation.

Operon –
Funktionseinheit von Struktur- und Kontrollgenen für eine bestimmte Leistung z. B. Laktosespaltung. Operons umfassen mehrere Cistrons (codierende Strukturgene).

Partetition –
die gerichtete Aufteilung von Tochter-DNA-Molekülen auf die Tochterzellen bei der Zellteilung. Dazu sind bestimmte DNA Sequenzen verantwortlich, die dem Zentromer der Chromosomen der Eukaryonten funktionell ähnlich sind.

Pathogenität –
Gesamtheit der Erbanlagen (Pathogenitätsfaktoren), die eine Bakterienart (Stamm, Klon) zur parasitären Lebensweise befähigt; vgl. Virulenz.

Pneumonie –
Lungenentzündung, Infektionskrankheit durch bestimmte Bakterien oder Viren.

Polymerase –
Enzym der DNA bzw. RNA Synthese, welches das Strangwachstum bewirkt, Hauptenzym der DNA Replikation ist die DNA Polymerase III.

Primase –
Enzym im DNA Stoffwechsel, welches die Primer-RNA Bildung bewirkt.

Prime-Faktoren (F') –
alte Bezeichnung für Plasmide, die zusätzlich DNA Sequenzen, meistens aus dem Chromosom, „additiv-rekombinativ" aufgenommen haben.

Primer-RNA –

Starter-RNA; jede DNA Replikation beginnt mit der Bildung einer Starter-RNA, die später herausgeschnitten wird und durch die entsprechende Sequenz einer DNA ersetzt wird (Polymerase I).

Promotoren –

Startregionen der RNA Polymerase zur Herstellung von Boten-RNA Molekülen (Transkription).

Pyelonephritis –

Nierenbeckenentzündung, Infektionskrankheit durch Bakterien.

Replikation (Reduplikation) –

semikonservative Verdopplung der DNA Doppelhelix durch folgende Schritte:

1. Entdrillen der Superhelix.
2. RNA Primer Bildung und Inzision am Startort der Replikation
3. Entstehung einer Replikationsgabel (kurze Stücke von Einzelsträngen).
4. Polymerisation der Nukleotide entsprechend der Matrix des vorhandenen jeweiligen Einzelstranges in der Polarität vom 5′ zum 3′ Ende.
5. Herausschneiden der vorhandenen RNA Sequenzen und Verknüpfung der syntheitisierten Fragmente (Okazaki Fragmente) durch eine Ligase.
6. Verdrillen der Doppelhelix zur Superhelix.

Repressor –

Protein mit regulatorischer Information; Repressoren binden sich an distinkte DNA Sequenzen (Operator) und verhindern die Transkription des anschließenden Gens (Repression).

Rezipient –

Empfänger, Zelle, in die DNA (Plasmide, chromosomale Sequenzen, Phagen etc.) übertragen wird, Ggs. Donor.

„rolling circle" Modell –

DNA Replikationsmodell, insbesondere für die Phagenreplikation und für die konjugative Replikation der Plasmide vorstellbar; bei dem ein geschlossener ringförmiger Einzelstrang erhalten bleibt und wie ein Rollsiegel mehrere hintereinander gereihte DNA Sequenzen als Einzelstrang liefert, die gleichzeitig von 5′–3′ verdoppelt werden. Das Modell räumt die Möglichkeit ein, daß ohne „Stückelung" beide Stränge durchgehend von 5′–3′ repliziert werden können.

RTF –

alte Bezeichnung für den Transferbereich der Plasmide.

Ruhr –
Infektionskrankheit des Dickdarms.

Salmonellen –
Darmbakterien, Durchfallerreger, einige Arten sind auch zu Allgemeininfektionen befähigt.

Selektionsdruck –
Intensität der natürlichen Selektion in Zeit und Raum, die durch bestimmte Umweltfaktoren auf Organismen wirkt und durch Änderungen des Genotyps beantwortet wird (auch für Plasmide, Gene verwendet).

Septikämie –
Infektionskrankheit, Allgemeininfektion, auch für Blutvergiftung.

Sepsis –
Blutvergiftung, durch Bakterien verursachte Allgemeininfektion; die Sepsis geht immer von einem bestimmten Herd der Infektion aus.

Serotypie (Serotyp) –
Unterteilung von Bakterien mit Hilfe von serologischen Merkmalen, Oberflächenantigenen (Lipopolysacchariden), Flagellenantigenen (Geißelantigenen), Kapselantigenen und Fimbrienantigenen. Man kann mit Hilfe dieser Merkmale den Serotyp feststellen und ihn mit Formeln (Seroformeln) beschreiben (siehe Salmonellen, Escherichen etc.).

Serumresistenz –
Eigenschaft von Bakterien, die bakterizide (abtötende) Wirkung des Serums zu überstehen.

Sex-Pheromone –
Stoffe, die zur Polarisierung von Bakterienzellen (grampositiven Bakterien) in Donor und Rezipienten führen; vgl. S. 72.

Shigella –
Erreger der Ruhr.

somatische Genote –
siehe Genote.

Suppression, integrative –
Unterdrückung einer dnaA (Initiation der Replikation) Mutation durch Integration eines Plasmids. Die Initiation der Plasmidreplikation bewirkt die Mitreplikation des Chromosoms und damit die Überlebensfähigkeit der Mutante. Methode zur Selektion von Plasmid-Integrationen und damit Möglichkeiten zur Herstellung von Hfr-Stämmen (Donorstämme mit hoher Frequenz der chromosomalen Übertragung chromosomaler Gene).

Target –

Zielort, Begriff wird verwendet für den Wirkort von Antibiotika, Colicinen etc.

Toxine –

Gifte, Produkte von Bakterien (Proteine), die zellschädigendeEigenschaften aufweisen. Es werden Cytotoxine (Toxine mit blockierenden Eigenschaften metaboler Vorgänge) von Cytolysinen (Toxine, die zellauflösende Eigenschaften, meistens durch Zellwand-Porenbildung, zeigen) und Cytotoninen (Toxine, die Stoffwechselvorgänge fehlregulieren z. B. die Enterotoxine, die den Wasserhaushalt der Darmzellen stören) unterschieden.

Transduktion –

Übertragung genetischen Materials eines Bakterienstammes (Donor) mit Hilfe von Bakteriophagen auf Rezipientenstämme. Es wird eine generelle Transduktion (Übertragung aller Gene einschließlich extrachromosomaler Determinanten) von der speziellen Transduktion (Übertragung nur der unmittelbar dem Integrationsort des Bakteriophagen benachbarten Region) unterschieden. Im Ggs. zum konjugativen Transfer genetischen Materials werden bei dem transduktiven Transfer nur kleine DNA Stücke übertragen, maximal soviel, wie die Kapazität des Phagenkopfes zuläßt. Werden Plasmidmoleküle transduziert, die über die Kopfkapazität hinausgehen (beim Phagen P1 sind das 65 Md), dann werden sie zu ca. 65 Md großen Molekülen zurechtgeschnitten. (Deletionskartierung).

Transfer (Transferabilität) –

Übertragung (Übertragbarkeit) genetischen Materials, meist für die Übertragung von Plasmiden verwendet.

Transformation –

Aufnahme freier DNA in kompetente Zellen (Rezipientenzellen) und Einbau ins Genom. Die Transformation genetischen Materials gelingt ähnlich wie bei der Transduktion nur mit kleineren DNA Abschnitten; im Ggs. zur Transduktion wird die transformierte DNA als Einzelstrang in der kompetenten Zelle etabliert und ähnelt in dieser Weise der konjugativen Replikation.

Typisierung –

Bestimmung von Bakterienstämmen mit Hilfe von speziellen Methoden zur Subdifferenzierung wie Lysotypie, Serotypie etc.

Virulenz –

Gesamtheit der krankmachenden Eigenschaften eines Mikroorganismus; auch die Erscheinung (Phänotypie) eines Stammes für eine parasitäre Lebensweise. Insbesondere im deutschen Sprachraum wird zwischen

Virulenz und Pathogenität definitorisch unterschieden, jedoch werden vielfach völlig verschiedene Betrachtungsebenen vermischt. Die Definition von Pathogenität als der Gesamtheit der Erbanlagen zur Aufrechterhaltung der parasitären Lebensweise und der Virulenz als der Gesamtheit der in Erscheinung tretenden Faktoren (Phänotyp) gilt heute als die verbreiteste Darstellung. Im Text werden die Begriffe Virulenz und Pathogenität synonym verwendet.

Zirkularisierung –

Ringbildung von DNA Molekülen, z. B. nach konjugativem Transfer.

Zirkulation –

Verbreitung (Prävalenz) und Ausbreitung (Indizenz) von Plasmiden in Bakterienpopulationen.

11. Sachregister

Bei Fragen zur Produktsicherheit wenden Sie sich bitte an:
If you have any questions regarding product safety,
please contact:

Walter de Gruyter GmbH
Genthiner Straße 13
10785 Berlin
productsafety@degruyterbrill.com